남북한 군사통합 전략

국립중앙도서관 출판예정도서목록(CIP)

남북한 군사통합 전략 / 저자: 정충열. ― 서울 : 시간의물
레, 2014
    p. ;   cm

ISBN 978-89-6511-092-7 93390 : ₩12000

군사 정책[軍事政策]
국방 정책[國防政策]

390.911-KDC5
355.0335519-DDC21   CIP2014017810

남북한 군사통합 전략

정충열

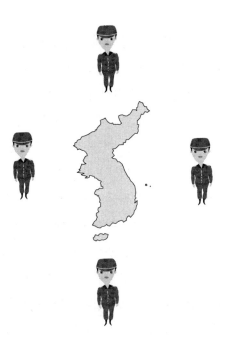

시간의 물레

머리말

　1945년 광복의 기쁨과 함께 남북 분단이라는 민족적 비극이 시작되어 어느덧 70여 년의 세월이 흐르고 있다. 통일은 민족의 염원이요, 간절한 바람이다. 통일의 과정에서 예상되는 경제적 부담으로 통일에 대한 부정적 영향을 우려하는 일부 국민들도 있으나, 남북한 통일은 우리 한민족의 역사적 사명이요, 반드시 이루어야 할 절실한 민족적 과제임이 틀림없다.

　최근 박근혜 대통령의 통일 대박론으로 통일에 대한 논의와 준비가 보다 활발해지고 있다. 사실 그동안 우리는 통일이 중요하고 간절한 염원이었음에도 불구하고 실질적인 논의와 준비는 부족했던 것이 사실이다. 남북 분단과 함께 남북한 각자 가는 길이 너무나 달랐고, 상호 화해와 통일을 위한 노력보다는 적대적 긴장관계 속에서 지금까지 달려왔고, 현재도 이러한 긴장은 지속되고 있는 실정이다.

　우리가 바라는 이상적인 통일은 남북한 상호 합의와 노력으로 평화적인 통일을 이루는 것이다. 독일의 경우와 같이 총성 없이 평화적 절차와 방법으로 통일 한국으로 가는 것이다. 그러나 현재의 남북한 대치상황과 북한의 3대 세습체제, 선군정치에 의한 독재체제유지 등 당분간 상호합의에 의한 평화통일은 쉽지 않을 것으로 보인다.

　미국의 한반도 전문가 마커스 놀랜드는 2012년 2월 중앙일보 인터뷰에서 "지난 20년간 북한의 경제 사정은 나아진 것이 없다. 빈부격차가 심화되었고 시장이 확대되었다. 경제적 어려움은 정치적 불안정으로 비화될 수 있다. 주민들은 애국심보다 개인의 이익과 돈을 쫓는다. 북한 주민들은 서로를 믿지 못하고 철저한 통제를 받고 있으므로 대중봉기보다는 권력 엘리트 간의 이해충돌에 의한 분쟁 가능성이 있다. 제2의 고난의 행군이 온다면 김정은 체제는 감당하기 어려울 것이다."라고 전망했다. 이처럼 북한의 김정은 체제는 지금은 안정적인 것처럼 보이지만 상황 악화 시 급변사태의 발생가능성이 잠재되어 있다고 보인다.

북한에서 일어날 수 있는 상황은 여러 가지로 예측해 볼 수 있다. 식량난 등 경제사정이 악화되면서 북한주민들이 대량으로 중국, 러시아, 남한 등으로 탈북하는 상황, 대량학살 등 인권악화상황, 북한이 보유하고 있는 핵무기의 통제상 문제가 발생하는 상황, 주요 정책결정 및 시행에 있어 당 및 군부 내에서 갈등이 증폭되어 쿠데타 및 내전이 발생하는 상황, 인접국가들과의 군사적 충돌이 발생하는 상황 등이다.

이러한 급변사태는 우리가 원하지 않는다 하더라도 어느 날 우리 앞에 현실로 다가올 수 있으며, 이때 어떻게 대처하고 이것을 기회로 만들어 가느냐는 우리의 중요한 역사적 과업이라 할 수 있다.

남북한 통일과정에서 군사통합문제는 통일과 국가통합을 위한 일부이긴 하나, 국가안정성 확보차원에서 보면 가장 중요한 핵심과제이다. 현재 남북한이 처한 특수상황을 감안하면 남북한 군사통합문제는 남북통일 과업의 성패를 좌우하는 관건이 될 것이다.

통일에 대한 준비와 아울러 통일의 과정에서 안정적인 통일의 관건인 남북한 군사통합을 어떻게 이루어 낼 것인가에 대한 진지한 논의와 준비를 서둘러야 한다.

필자는 37년간의 군 생활 동안 남북이 첨예하게 대치되어 있는 안보현장에서 국가의 안보에 대하여 깊이 고민하며 남북통일을 간절히 염원해왔다. 그동안의 군 생활 경험을 기초로 북한학에 대한 학문적 연구를 더하면서 남북한 군사통합에 대하여 나름대로 깊이 고민하게 되었고, 그 결과를 정리하여 책으로 발간하게 되었다. 이 책은 어느 날 갑자기 닥쳐온 북한의 급변사태 시 남북통일의 관건인 군사통합을 어떻게 효과적으로 이루어나갈 것인가에 대한 전략적 추진방안이라 할 수 있다.

그동안 군 선배들과 많은 학자들에 의해서 남북한 군사통합에 관한 연구가 있었고, 군에서도 다양한 논의와 계획들도 발전시키고 있는 과정에 있다. 여기서 제시하는 저자의 생각과 아이디어들이 남북한 군사통합에 관심을 가지고 있는 분들과 실질적으로 계획을 발전시키고 있는 군 관계자들에게 참고가 되고 실질적인 도움이 되었으면 하는 바람이다.

이 시간에도 이름 모를 골짜기에서 차갑게 누워있는 진정한 전쟁의 영웅, 그리고 북에 두고 온 가족과 친지를 애타게 기다리며 통일을 염원하던 6·25 참전용사와 국가유공자, 살아생전에 남북통일이 되어 북에 두고 온 가족과 친지를 다시 보기를 간절히 기원하고 계시는 6·25 참전용사이자 국가유공자이신 천안에 계시는 아버님과 어머님께 이 책을 바치고 싶다.

특히, 책을 정리하면서 도와준 오형동 전우와 '시간의 물레' 출판사 권호순 대표님께 깊은 감사를 드린다.

2014. 5. 1.

계룡대 연구실에서

정 종 열

차 례

제1장
서 론

제1절 북한급변사태와 군사통합

    2011년 12월 북한의 김정일 총비서 사망 이후 시작된 김정은의 권력 승계 과정은 안정적으로 이루어진 것으로 보인다. 김정은 당 중앙군사위원회 부위원장은 2011년 말 군 최고사령관 직에 먼저 추대되어 군의 최고 위치에 올랐고, 지난 2012년 4월 11일 제4차 당 대표자 회의에서 조선노동당 제1비서직에 추대되어 사회주의 당 국가체제에서 가장 중요한 당권도 장악했다. 그리고 2012년 4월 13일 개최한 최고인민회의 제12기 제5차 회의에서 국가 최고 직책인 국방위원회 제1위원장직에도 오름으로써 김정일 사망 후 약 4개월 만에 공식적인 3대 권력 세습이 이루어졌다.

    김정은 제1비서는 지난 2012년 4월 15일 김일성의 100회 생일을 맞아 평양 김일성 광장에서 열린 열병식에서 약 20분간 연설함으로써 그의 통치방식이 대중연설을 기피했던 김정일의 권위주의적인 스타일과는 많은 차이를 보일 것임을 시사했다. 북한지도부는 김정일 사망 직후부터 김정은의 단일지도체제로 갈 것임을 명백히 했고, 김정은으로의 권력승계는 김정일의 '유훈'에 따라 단기간에 완료되었다.

    김정은으로의 권력승계는 이처럼 성공적으로 완료되었고 김정은은 지난 2012년 4월 15일 첫 공개연설을 통해 그가 김일성과 김정일의 선군정치를 계승할 것임을 명확히 했다. 현재까지 북한은 국가적 어려움에도 불구하고 적극적인 개혁·개방을 시도하지 않았으며, 오히려 주변 정세변화와 무관하게 자신의 뜻대로 행동하려는 고집 속에 안주해 왔던 측면이 강했다. 나아가 변화에 대한 여러 국제적 외압 요인들은 종래의 북한식 사회주의 체제의 기본을 유지하면서 정책적 관점과 우선순위만을 조정하는 방법으로 버티기 작전을 해왔다고 볼 수 있다. 그러나 이러한 버티기 전략으로는 대내외적인 환경변화와 위기에 능동적으로 대처하면서 이를 극복해 나가는 데에는 한계가 있음을 최근 북한의 실상이 그대로 말해주고 있다. 북한이 실시한 세 차례 핵실험(2006. 10, 2009. 5, 2013. 2)에 대해 유엔과 국제사회가 엄중한 대북제재를 실행함으로써 북한은 미국을 비롯한 주변국들의 실질적인 지원을 받지 못하고 오히려 경제가 어려워지고 확대되는 힘든 상황에 직면하고 있다. 이런 가운데 북한 경제는 더 어려워지고 주민들의 민생경제는 '빈곤의 늪'에서 헤어 나오지 못할 것으로 판단된다.[1]

한편 미국의 한반도 전문가 마커스놀랜드는 2012년 2월 13일 자 중앙일보 인터뷰에서 "지난 20년간 북한의 경제사정은 나아진 게 없다. 빈부격차가 심화됐고 시장이 확대됐다. 경제적 어려움은 정치적 불안정으로 비화될 수 있다. 주민들은 애국심보다 개인의 이익과 돈을 쫓는다. 북한 주민들은 서로를 믿지 못하고 철저한 통제를 받고 있으므로 대중봉기보다는 권력 엘리트 간의 이해 충돌로 인한 분쟁 가능성이 있다. 제2의 '고난의 행군'이 온다면 김정은 체제는 감당하기 어려울 것이다"라고 전망하였다. 이처럼 북한 김정은 체제는 지금은 안정적인 것처럼 보이지만 중·장기적으로 볼 때는 급변사태가 발생할 가능성이 잠재되어 있다.

---

1) 통일부, 『북한이해』, (서울: 통일교육원, 2012), p.175

국제위기감시단(ICWG, International Crisis Watch Group)의 피터 벡(Peter Beck)은 북한에서 급변사태가 일어난다면 민중봉기의 형태가 될 가능성은 없을 것이라며, 군부 쿠데타와 같은 군사적인 형태로 나타날 가능성이 있다고 하였다.[2] 북한에서 일어날 수 있는 상황은 여러 가지로 예측해 볼 수 있다. 북한의 주민들은 굶주림에 처해 있음에도 불구하고 식량조달보다 더 우선적인 핵실험, 무기 개발과 로켓발사 등을 강행함으로써 대량으로 탈북을 시도하는 상황 및 대량학살 등 인권 악화 상황, 북한이 보유하고 있는 핵무기의 통제상에 문제가 발생하는 상황, 김정은이 장악하지 못하고 있는 내부의 권력으로 인하여 내전이 발생하는 상황, 인접 국가들과 군사적 충돌이 발생하는 상황 등이다. 지금까지 한국은 '급변사태'라는 명칭으로 북한이 갑자기 붕괴되는 상황을 상정하고 이에 대한 나름대로 대응책을 연구하고 고민해오고 있으며, '12년 키 리졸브(한미연합훈련)에서도 북한의 급변사태 발생 시 대비하는 내용으로 훈련을 하는 등 최근 많은 관심 속에 논의가 증가되고 있다. 북한에 급변사태가 발생하였을 때 남북한 통일의 기회가 된다면 통일 시 안정성을 좌우하는 것은 군사통합 문제라고 할 수 있다. 군사통합의 성공 여부는 곧 통일의 성패를 좌우하는 관건이 될 것이다. 스탠리 호프만은 군사통합이 제대로 이루어지지 않으면 제반 분야의 기능적 통합은 어려움에 봉착하게 될 것이며, 더 나아가 통일 자체가 수포로 돌아갈 위험이 크다고 지적을 하고 있다.[3] 한편, 통일과정에서 정치적으로 통일에 합의를 하였더라도 군사

---

2) 박관용, 『북한의 급변사태와 우리의 대응』, (서울: 한울아카데미 2007), p.50

3) 스탠리 호프만(Stanley Hoffmann), Gulliver's Troubles. Or the setting of American Foreign Policy(New York: McGraw - Hill, 1968), pp.387~458

통합 문제는 쉽지 않을 수도 있는 어려운 과제이다. 남북한이 처한 독특한 상황을 고려해 볼 때, 남북한 간의 군사통합은 다른 어느 나라보다도 더 어렵고 험난할 것으로 예상이 된다. 통일을 성공적으로 달성한 것으로 평가를 받고 있는 독일도 수많은 준비를 했음에도 불구하고 통일을 이룩하게 된 것은 '우연의 행운'[4]이었다고 말하고 있는데 우리에게도 이러한 우연의 행운이 찾아오기만을 기다리고 있을 수는 없다. 다만 언제 닥쳐올지 모르는 통일에 대하여 철저하게 대비하고 연구하여 현실성 있는 군사통합 준비를 해야 할 것이다.

통일 시에 무엇보다 중요한 것은 바로 군사적 통합이다. 그러나 중요하다고 생각하는 것에 비해 많은 연구가 이루어지지 않고 있는 것이 현실이다. 90년대 초 독일과 예멘 등의 통합과정을 보면서 남북한의 군사통합 문제에 대하여 관심 있게 연구된 적이 있었다. 90년대 말 '고난의 행군'기를 거치면서 북한이 곧 붕괴가 될 것이라고 예상하는 전문가들이 많았었다. 이에 따라 남북한의 통일이 곧 이루어질 것이라는 기대 속에서 연구가 진행되었다. 지금까지 이루어졌던 군사통합에 대한 연구들은 대부분 남북한 상호 합의에 의한 평화통일을 전제로 군사통합을 어떻게 진행시켜 나갈 것인가에 관한 내용이나 강제적 흡수통합을 전제로 한 내용들이다. 앞에서 언급한 급변사태가 발생할 때에 통일의 과정에서 어떻게 군사통합을 이루어나갈 것인가에 대한 실질적인 연구는 미진한 상태이다.

우리가 바라는 이상적인 통일은 남북한 상호 합의에 의한 평화통일

---

4) 쉠봄(Joerg Schoenbohm) 장군과 '독일군사연구소' Dr. Thoss와 Dr. Diedrich는 권양주 박사와의 방문 인터뷰에서 독일의 통일을 "우연히 얻게 된 행운"이라고 표현했다. 권양주, 「남북한 군사통합의 유형과 접근전략연구」, (동국대 박사학위논문, 2009), p.2에서 재인용.

이며 이때 남북한 군사통합도 합의에 의한 군사통합이 될 것이다. 그러나 그동안 논의가 되어온 급변사태는 우리가 원하지 않는다 하더라도 어느 날 갑자기 우리 앞에 현실로 나타날 수 있으며, 이때 어떻게 대처하고 이것을 기회로 만들어 나가느냐는 우리의 절박한 역사적 과제라 할 수 있다. 통독 당시 서독군의 심리전 총사령관(1986~1991)이었던 부크벤더 오르트뷘(Buchbender Ortwin)은 독일의 통일은 동서독 간의 통일을 위한 노력의 결과라기보다는 경제 악화에 의한 동독의 붕괴, 즉 동독의 급변사태에 의한 서독의 흡수 통일이었다고 증언하고 있다.[5]

급변사태 시 남북한 군사통합의 큰 개념과 그 세부 과정에 대하여 군에서도 관심이 증대되어 발전시키고 있다. 그러나 군사통합과정에서 나타날 수 있는 여러 가지 문제점과 후유증을 고려한 구체적인 방안들은 연구가 미흡한 실정이다. 따라서 급변사태 시 바람직한 군사통합 유형은 무엇이며, 군사통합 과정과 통합 후에 발생할 수 있는 예상되는 문제점들을 분석해보고 그 문제점들과 후유증을 최소화할 수 있는 방안은 무엇인가에 초점을 맞춰서 논의를 하고 방안을 제시하고자 하였다.

첫째는 군사통합의 개념은 무엇이고, 군사적 통합 유형으로 어떤 것들이 있으며 남북한은 과연 어떠한 유형으로 군사통합을 하는 것이 바람직한가?

둘째는 군사통합 사례분석을 통하여 교훈과 시사점을 도출해보고 이를 어떻게 우리의 문제 해결과정에 적용할 것인가?

---

5) 부크벤더오르트뷘(Buchbender Ortwin): 1938년 독일 출신으로 독일군의 국방부 심리전 사령관(1986~1991), 심리전학교 교수부장(1991), 정보통신학교 교수부장(1994~2000)을 역임한 예)대령으로 2013, 10월 한국의 육군본부 방문 시 필자와 독일통일에 관하여 인터뷰를 실시함.

셋째는 남북이 통일을 하려고 할 때 주변국들이 관심을 갖는 사항들은 무엇이며 우리는 이 문제에 대하여 어떻게 대처해야 하는지에 대하여 고민을 해야 한다. 남북한이 주변국에 대하여 아무런 영향을 받지 않고 통일을 할 수 없고, 협조와 협력이 필요하다면 우리는 통일을 위해서 군사적·외교적으로 어떠한 전략으로 주변국에게 대응해야 하는가? 우리는 통일을 달성하기 위해 어떠한 정책을 가지고 지향해야 하는가? 등 주변국들과의 관련한 문제가 제기될 수 있다.

넷째는 북한 급변사태 시 예상되는 양상과 실태는 어떠할 것이며 이때 바람직한 군사통합의 유형은 어떠한 것인가?

다섯째는 군사통합 과정과 통합 후 나타날 수 있는 예상되는 문제점과 후유증은 무엇이며, 이를 최소화하기 위한 방안은 무엇인가에 대하여 통일 진행과정과 통일 이후로 구분하여 논의하고자 한다.

제2절 군사통합에 관한 기존연구

남북한 군사통합에 관한 연구는 타 분야에 비하여 자료 접근이 쉽지 않고 많은 관련 자료들이 공개하기 어려운 부분이 있어 상대적으로 미진한 것이 사실이다.

그러나 남북분단 후 통일 분위기가 고조되었던 두 번의 시기가 있었고, 이 기간에 군사통합에 관한 연구도 활발하게 진행되었다. 첫 번째 시기는 1990년을 전후하여 독일과 예멘 등의 통합과정을 보면서 남북한 군사통합 문제가 다루어졌다. 그리고 90년대 말에 김일성 사망과 연이은 '고난의 행군'기를 거치면서 북한이 곧 붕괴할 것으로 예상하는 전문가들이 많았다. 이에 따라 한반도도 곧 통일이 이루어질 것이라는 기대 속에 북한을 강제적으로 흡수해서 통일을 상정한 군사통합 연구가 대세를 이루었다. 그리고 김대중, 노무현 정권 등의 약 10년 기간 동안 화해와 협력 정책을 추진한 결과로 남북한 통일과 군사통합에 대한 연구도 지속적으로 이루어졌다.

기존의 연구 결과들에 대하여 연구주제를 중심으로 살펴보면 다음과 같다.[6] 우선 통합과 통일의 이론에 관한 연구(구영록, 1974; 김혁, 1997; 김국신, 2000 ; 노병만, 2002; 김계동, 2006; 권양주, 2009)가 있다. 군사

---

6) 권양주, 「남북한 군사통합의 유형과 접근 전략 연구」, (동국대학교 박사학위 논문, 2009), p.6

통합 유형에 관한 연구로서 이창욱은 형태 측면에서는 강제적 흡수통합, 합의적 흡수통합, 대등적 합병통합으로 구분하고, 과정 측면에서는 점진적·단계적 흡수통합과 급진적 흡수통합으로 구분하였다.[7] 그리고 장홍기와 제정관은 형태 측면에서는 강제적 흡수통합, 합의적 흡수통합, 대등적 합병통합으로 구분하고, 과정 측면에서는 일방적 흡수통합과 보완적 흡수통합으로 구분하였다.[8] 한편, 박균열은 의사소통 형태에 따라 외적 군사통합과 내적 군사통합으로 구분하였고,[9] 권양주는 통합방식과 합의 여부에 따라 강제적 흡수통합, 합의적 흡수통합, 합의적 대등통합으로 분류하였다.[10] 이와 같이 군사통합 유형은 형태와 과정으로 나누거나, 보는 시각에 따라 다르게 구분하고 있다.

남북한이 적용해야 할 군사통합 유형에 관한 연구는 매우 제한적으로 연구되었다. 흡수통합을 전제로 한 연구(손기웅, 1997; 이창욱, 1998), 독일식 군사통합 방안의 한반도 적용 가능성을 제시한 연구(하정열, 1996), 델파이(Delphi) 방법을 적용하여 점진적·대등적 군사통합 방안을 하나의 가용 대안으로 제시한 연구(김기수, 2000), 그리고 북한의 붕괴를 우려해 점진적·단계적이며 평화적인 방법으로 추진되어야 한다고 주장한 연구(한관수, 2003) 등이 있다.

반면, 분단국의 사례분석을 통한 교훈을 도출하는 데 중점을 둔 연

---

7) 이창욱, 『남북한 군사통합과 통일 국군의 역할』, (서울: 세종연구소, 1998), pp.12~13
8) 장홍기·이량·이만종, 『남북한 군사통합 방안 연구』, (서울: 한국국방연구원, 1994), p.92
   제정관, 『한반도 통일과 군사통합』, (서울: 한누리미디어, 2008), pp.117~118
9) 박균열, 「통일 한국의 군 통합과 군대문화」, (서울대학교 박사학위 논문, 2001), pp.27~33
10) 권양주, 상게서, p.29

구들은 다양하게 나타나고 있다(정재호, 1995; 하정열, 1996; 박순제, 1996; 황진환, 1997; 손기웅, 1993; 한용섭, 1998; 김계동, 2006; 박찬주, 2011 등). 그리고 남북한이 통일 합의 시 군을 어떻게 통합하고 건설할 것인가, 군사 통합을 위한 추진 기구는 어떻게 구성하여 운용할 것인가 등에 대한 연구는 활발하게 이루어지고 있다(김충영, 1992; 김수진, 1996; 손기웅, 1997; 이창우, 1998; 김기수, 2000; 윤진표, 2000. 2005; 제정관, 2008; 권양주, 2009 등). 기타 통합 비용 연구(이필중, 1997), 통일 한국의 병역제도(김창주, 2004), 군 통합과 군대문화(박균열, 2000), 통일 시 북한 군수산업 활용방안(손기웅, 1996), 군사통합의 법적 문제에 관한 연구(이상철, 1995), 군사통합을 위한 군비통제와 군사통합 결정 시기 및 절차를 포함한 남북한 군사통합의 유형과 접근 전략 연구(권양주, 2009) 등 분야별 연구가 있다.

급변사태에 대한 연구는 1990년대에 러시아와 동유럽이 붕괴되면서 이때 북한도 이러한 역사적 흐름에 영향을 받을 것인가에 관한 관심과 북한체제의 위기와 북한지역 급변사태에 관심이 증가되기 시작하면서 보다 집중적으로 이루어졌다. 더욱이 그즈음 북한의 경제난으로 인하여 탈북자와 많은 아사자가 발생하였고, 1997년 황장엽 비서 등 북측 고위 인사가 한국으로 망명하면서 북한 권력 내부에도 심각한 문제가 있는 것으로 추정되었다.[11]

1990년대에 연구된 내용은 윤덕민(1999)의 북한 급변사태 시 우리의 대외적 대응방안[12], 유승경(1997)의 시나리오로 본 북한체제의 미

---

11) 백승주, 『포스트 김정일 체제 프로세스와 한반도 비전』, (서울: 한국국방연구원, 2009), p.161

12) 육덕민, 「북한 급변사태 시 우리의 대외적 대응방안에 관한 연구」, 『주요 국제문제 분석』, (외교안보연구원, 1999)

래[13]), 한용섭(1997)의 북한의 붕괴가능성과 대응책[14]), 구종서 외 5명의 남북한 통일 시나리오[15]) 등이다.

2000년대 중반에 제기된 연구내용들은 정형철(2005)의 북한 급변사태 시 중국의 개입전망과 대비방향[16]), 박원곤(2006)의 미국 전력기획틀의 변화와 대한민국 방위[17]), 2000년대 후반에 연구된 내용은 이기동(2009)의 북한 급변사태 발생 가능성 및 유형[18]), 김기호(2009)의 북한 체제의 안정성과 변동에 관한 연구[19]), 정경영(2009)의 북한 급변사태와 미국의 자세[20]), 조승훈(2011)의 북한 급변사태 발생 요인과 한국의 대응전략에 관한 연구[21]) 등이 있다.

지금까지 이루어진 연구들은 자료의 제한에도 불구하고 매우 다양한 분야에서 깊이 있게 이루어졌으며 향후 남북한 통일 시 군사통합

13) 유승경, 「시나리오로 본 북한체제의 미래」, 『정책연구 보고서』, (LG경제연구원, 1997)

14) 한용섭, 「북한의 붕괴가능성과 대응책」, 『국방대학원 교수논총』, 제11편(국방대학교, 1997)

15) 구종서 외 5명, 「남북한 통일 시나리오」, 『정책연구 보고서』, (삼성경제연구소, 1996)

16) 정형철, 「북한 급변사태 시 중국의 개입전망과 대비 방향」, 『국방대학교 연구 보고서』, (서울: 국방대학교, 2005)

17) 박원곤, 「미국 전력기획틀의 변화와 대한민국 방위」, 『동북아 안보정세 분석』, (서울: 한국국방연구원, 2006)

18) 이기동, 「북한 급변사태 발생 가능성 및 유형」, 『학술 세미나 자료집』, (국방대학교, 2009)

19) 김기호, 「북한 체제의 안정성과 변동에 관한 연구」, (경기대학교 박사학위 논문, 2009)

20) 정경영, 「북한 급변사태와 미국의 자세」, 『학술세미나 자료집』, (국방대학교, 2009)

21) 조승훈, 「북한 급변사태 발생 요인과 한국의 대응전략에 관한 연구」, (경희대학교 석사학위 논문. 2011)

에 상당한 기여가 될 것으로 보인다. 그러나 몇 가지 부분에서 보완적 연구가 필요하며 보다 구체적인 연구는 앞으로도 많은 분야에서 새롭게 진행되어야 한다.

먼저 군사통합의 유형 연구에서 기존 연구된 유형들은 주로 강제적 통합과 합의에 의한 통합 위주의 연구들이어서 급변사태 시 발생하는 복잡한 상황에서 군사통합 유형을 구체적으로 적용하는 데 한계가 있다. 따라서 급변사태 시 실질적으로 적용 가능한 군사통합 유형의 보완이 필요하다.

둘째는 군사통합 사례분석 시 주로 과정 설명 위주로 이루어지고 교훈 도출에 국한되어 있는데 군사통합 과정과 그 후에 나타났던 후유증에 대한 연구가 보다 구체적으로 이루어져야 한다.

셋째는 북한 지역 급변사태 시 군사개입, 즉 평화강제작전 시 예상되는 문제점과 후유증, 이러한 문제점과 후유증을 최소화할 수 있는 구체적인 작전 방법과 절차에 대한 연구는 미진한 상태로 이에 대한 연구가 필요하다.

넷째로 통일과정에서 예상되는 민군작전과 계엄시행에 대한 방안 연구가 미흡하므로 이에 대한 보완적 연구도 요구된다.

다섯째는 통일 후 예상되는 후유증과 이를 최소화할 수 있는 군사통합, 즉 병력 통합, 무기체계 통합, 장비 및 탄약, 시설 통합 등도 구체적인 연구가 필요하다.

제3절 군사통합 연구 방법과 범위

본 연구는 북한에서 체제불안이나 심각한 경제난 등으로 정치, 경제, 사회, 군사적 차원에서 급격한 변화가 생겼을 때, 한국을 비롯한 국제사회가 정치·외교, 경제, 군사적으로 개입하게 되는 북한 급변사태 발생 상황을 전제로 하고 있다. 이때 남북한 통일을 목표로 여러 조치를 취할 때 이미 통일의 과정에서 군사통합을 이루어낸 독일, 예멘, 베트남 등의 사례에서 나타난 문제점과 후유증들을 남북한 통일의 과정에서 그리고 통일 후에 어떻게 최소화시키면서 군사통합을 이루어 낼 것인가에 대한 연구이다.

북한의 급변사태 시 예상되는 유형은 대량 탈북난민사태, 심각한 인권유린을 포함한 대량 학살 사태, 외부세력유입으로 인한 체제와 이념 불만고조로 인민들에 의한 민중 봉기, 영토 문제와 내부 간섭 등에 의한 인접 국가들과의 군사적 충돌, 당 또는 군부 내부에서 권력 장악을 위한 쿠데타 및 내분사태 등의 다양한 형태로 발생할 수 있다. 이 중 인민들에 의한 민중 봉기는 강력한 통제체제 특성상 발생 가능성이 낮다고 보이며, 권력 장악이나 주요 정책결정 과정에서 불만 세력의 반발이나 세력들 간의 주도권 다툼으로 내분이 일어나는 유형이 보다 가능성이 높다고 판단된다. 이러한 상황 발생 시 대량 탈북 난민 사태나 대량 학살 사태 등이 동시에 발생할 수 있다고 본다.

이 책에서는 급변사태 발생 가능성을 전제로 하되 발생 가능성이 높은 당 또는 군부 내부에 의한 북한 내 내분 상황을 상정하여 통일 과정과 통일 후 군사통합 방안을 모색하고자 하였다.

특히 군사통합에 관한 이론 고찰과 군사통합 사례 분석, 남북한의 군사실태와 주변국의 군사외교 영향 요인 분석 등을 종합하여, 급변사태 시 예상되는 후유증과 우리가 적용해야 할 군사통합 유형 및 효과적인 군사통합 방안을 제시하는 순으로 전개하였다.

연구방법은 문헌 분석을 기본으로 군사통합 사례에 관한 비교 분석과 쟁점 지향적 접근방법(issue-oriented approach)을 적용하였다. 그리고 군사통합 연구 전문가와 군사통합에 관심 있는 군 장교 및 관련 업무 담당 간부들과의 면담을 겸하였다.

쟁점 지향적 접근방법은 실용적인 사회연구의 한 방법으로서 사회 연구의 실용성 내지 실천성을 처음부터 의도하는 경우에 사용되며 사회의 근본적인 쟁점들을 파헤쳐서 사회적 변혁을 가져오는데 적합한 경우에 실시되는 방법이다.[22] 이 책은 앞에서 제기한 군사통합 시 주요 핵심 고려사항 위주로 분석하여 효과적인 방안을 제시하고자 하였다.

먼저, 문헌 연구를 통하여 군사통합의 개념을 정립하고 급변사태의 특수 상황을 고려하여 군사통합의 유형을 새롭게 정립하고자 하였다. 또한 독일 등 이미 군사통합이 이루어진 국가들의 사례 분석을 통하여 교훈과 시사점을 분석해 보고, 군사통합과정과 후에 나타난 문제점과 후유증을 분석하여 적용 방안을 제시하였다. 그리고 각종자료와 문헌 연구, 관련 전문가와 관련 장교 및 간부들과의 면담을 통하여 통일과정과 통일 후에 발생할 수 있는 예상되는 문제점과 후유증을 최

---

22) 권양주, 상계서, p.14

소화할 수 있는 군사통합 방안을 제시하고자 하였다.

<그림 1-1> 분석의 틀

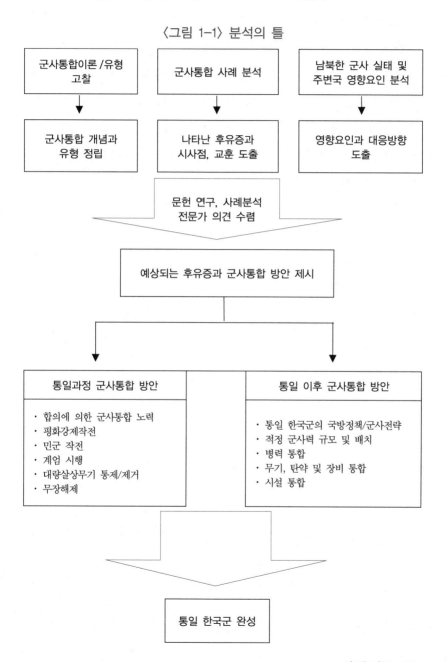

통일과정에서의 통합방안은 군사적 차원의 무력수단 개입을 전제로 평화강제작전과 계엄 및 민군작전, 대량 살상 무기 통제, 저항세력에 대한 무장해제 방안을 중점적으로 제시하였으며, 통일 후 군사통합 방안은 통일 한국군의 국방정책과 군사전략, 적정 군사력 규모 및 배치, 병력 통합과 무기체계 통합, 무기·탄약·장비 및 시설의 통합 등에 중점을 두고 후유증을 최소화할 수 있는 군사통합 방안을 제시하고자 하였다. 앞에서 설명한 연구방법과 전개 과정을 도표화하면 앞의 〈그림 1-1〉과 같다.

제2장

군사통합에 관한
이론적 고찰과 사례분석

통합에 대한 정의와 군사통합의 개념은 연구자의 관점에 따라 다르게 정의할 수 있다. 따라서 군사통합의 개념을 보다 명확히 함으로써 개념의 혼란을 방지할 수 있으며, 지금까지 연구되어 온 유형을 기초로 군사통합의 실질적 유형을 정립하는 것 또한 중요하다. 여기서는 군사통합 유형을 분류하는 것이 연구의 핵심 주제가 아니므로 이론적 배경이 될 수 있는 기존 연구자들의 연구 결과를 구체적으로 제시하지는 않았다. 그러나 기존 연구에서 제시하지 않았던 절충형 흡수통합과 절충형 대등통합을 새롭게 군사통합유형으로 제시하였고, 이를 급변사태 시 실질적인 대안이 될 수 있는 유형으로 분석하였다.

종전의 군사통합 사례를 분석해 보는 것은 이미 통일을 이룬 국가들의 당시 상황과 현 남북한 상황이 상당히 다르기 때문에 그대로 받아들이기에는 한계가 있지만, 그들의 통합 사례가 우리에게 합리적인 군사통합 방안을 모색하는 데 있어서 많은 교훈과 시사점을 줄 것이라는 기대가 있기 때문이다. 여기에서는 독일, 예멘과 베트남의 군사통합 사례를 분석하여 문제점과 후유증이 무엇인지 살펴보고, 교훈을 도출하고자 하였다.

제1절 군사통합의 개념

1. 통합의 정의

통합의 일반적 의미는 '여러 가지를 모두 합쳐 하나로 만드는 것'을 말한다. 정치학에서 통합이론은 많은 학자들이 자기 나름대로 조금씩 다르게 정의하고 있는데, 이러한 통합이론의 주요 관점은 대체로 다양한 인간집단들이 하나의 공동체를 만들어 가는 과정과 공동체 형성 후 그것을 유지해 나가는 방법으로 분류된다.

먼저 통합을 하나의 공동체로 만들어가기 위한 과정으로 개념화한 요한 갈퉁(Johan Galtung)은, 통합을 "둘 또는 그 이상의 행위 주체자들이 하나의 새로운 행위 주체자로 형성되는 과정"이라고 정의하고 이 과정이 끝났을 때 통합이 완료된 것으로 보고 있다.[1] 하아스(Haas)는 통합을 "몇 개의 서로 다른 국가의 정치행위자들이 충성심이나 기대, 정치적 활동 등을 기존의 관계되는 국민이나 국가들에게 관할권을 행

---

[1] 그는 통합의 현상을 가치통합, 행위자 통합, 부분과 전체의 통합이라는 세 가지 국면으로 분류하고 각각의 통합을 이루는 모델을 제시하고 있다. 가치통합이란 통합되는 단위들이 상호 관련된 신념과 가치를 공유하게 되는 과정을 의미하는 것으로 이념적 통합을 말한다. 행위자 통합이란 정책 결정의 통합을 의미하는 것으로 정책결정이 단일화되는 점에서 정치통합의 일부분이라 할 수 있다. 부분과 전체통합은 부분이 독자적인 지위를 포기하고 전체에 대한 충성심을 이양함으로써 통합을 이루는 중앙 집권형 방법과 전체가 자신에 대한 구성원들의 충성심을 부분에 나누어 줌으로써 전체를 소멸시키는 분산형 통합이 있다고 본다. 박영호·박종철,『남북한 정치공동체 형성방안 연구』, (민족통일연구원, 1993), pp.28~32

사하거나 요구하여 새로운 중심으로 옮기도록 설득하는 과정"이라고 정의하였다. 런드버그(L. Lindberg)는 "국가들이 각각 독자적으로 그들의 외교정책이나 기타주요정책을 행하려는 의욕과 능력을 배제하거나 혹은 새로운 중심 기구에 의사결정을 위탁하는 과정"으로 보고 있다 (이상우, 1993).

이와는 달리 에치오니(A. Etzioni)와 칼 도이취(Karl W. Deutsch) 등은 통합을 과정보다는 상태나 조건에 중점을 두고 있다. 즉, 에치오니에 의하면 통합은 "정치적 의식이 있는 사람이 정치체제에 대해 정치적 일체감을 느끼는 상태에 이르는 것"으로 보고 있으며, 칼 도이취는 "한 집단의 사람들이 일정 영역 내에서 이들 내의 문제에 대해 평화적인 변화가 가능하다는 믿을 만한 기대를 오랫동안 확신하기에 충분한 공동체 의식과 기구 및 관행을 갖게 되는 상태의 조건"이라고 정의하고 있다. 다시 말해 통합을 하나의 조건이 이뤄진 상태로 보면서 일정한 집단 내에서 이해와 견해 차이를 조정하여 필요한 변화를 이룩할 수 있다는 믿음이 구성원 사이에서 생기면 통합이라고 보고 있다.[2]

제이콥(P. Jecob) 역시 통합을 위한 구성원 간의 공동체 의식을 강조하면서 상호 연계하는 주관적 자의식 혹은 일체의식을 강조하고 있다. 마이론 와이너(Myron Weiner)는 "문화적으로 또는 사회적으로 분리된 집단들을 하나의 영토적 단위로 결합시키고 국민적 정체성을 확립시키는 과정이고, 특이한 문화집단이나 사회집단과 일치 또는 불일치하는 하위적 단위들에 대해 종합적 권위를 확립하는 것"으로 사용하

---

2) Karl W. Deutsch et al, Political Community and the North Atlantic Area (Princeton: Princeton University Press, 1957) p.5 / 이문규, 「남북한 통합의 이론적 모색」, 『통일연구 논총』 84호(1998) p.14에서 재구성.

기도 하였다(김성주, 1991).

이상의 여러 학자들이 정의한 개념들을 종합 정리해 보면 통합의 개념은 "둘 이상의 체제들의 정치적·제도적 결합 등을 통하여 여러 부분들을 하나의 단일 체계로 구성함으로써 국민적 정체성과 일체감을 공감하게 하는 과정이나 상태"라고 말할 수 있을 것이다. 즉 서로 다른 체제들의 개별적 기능체제들을 하나로 묶어 단일체제의 공동 기능조직 체제로 통합시켜 통일과 일체감을 갖게 하는 것이라 할 수 있다. 좀 더 낮은 차원에서 국가 내부적으로 동일 민족 간의 여러 구성요소들을 하나로 묶어 합치는 예로써 정치통합, 경제통합, 사상의 통합, 사회통합, 문화통합, 군사통합 등을 일례로 들 수 있다.

2. 군사통합의 개념 정의

세계 역사상 군사통합에 대한 사례가 그리 많지 않고, 군사통합 분야에 대한 연구와 논의가 미진한 현실에서 군사통합에 대한 개념은 학자들마다 매우 다양하면서도 여러 관점에서 광범위하게 정의되고 있다.

손기웅(1997, pp.1~2)은 군사통합을 복수국가 군대의 제반기능 및 조직체계를 하나의 기능 및 조직체계로 개편하고, 그 속에서 역할을 수행하는 인력을 하나로 융화시켜 가는 과정이며 군의 활동을 일원화하기 위한 조직적인 결합과정일 뿐만 아니라, 군 내부의 인력 간에 일어날 수 있는 갈등을 극복해가는 과정으로 보고 있다.

황진환(1996, p.22)은 군사통합을 국가통합의 핵심과정으로 결속하려는 국가상호 간의 군 조직, 지휘명령체계, 병력과 무기체계 등을 통합하여 지역 내 국민들에게 새로운 통합체제에 대한 일체감을 형성시키는 과정으로 정의하였다. 통일(Unification)과 통합(Integration)이 용어상 큰 차이가 없다고 주장하면서 통일은 분단국가의 재통합을 지칭하는 용어로 사용되며, 통합은 그 대상에 있어서 집단, 지역, 기관, 국가, 국제기구 등 다양한 정치단위들을 포함하는 정치과정이라는 점에서 보다 포괄적이고 학문적인 용어라고 개념 짓고 있다.

윤진표(2005, p.299)는 군사통합은 국가통합의 핵심과정으로 결속하려는 국가 상호 간의 군 조직, 지휘명령체계, 병력과 무기체계 등을 통합하여 지역 내 국민들에게 새로운 통합 체계에 대한 일체감을 형성시키는 과정으로 정의하고 있다.

장홍기(2005, pp.88-89)는 군사통합이란 상이한 지휘계통 하에 있는 개별적 기능 조직 체제를 한데 묶어서 하나로 통일된 단일 지휘계통 아래 공동 기능조직체계로 결합시키는 과정과 상태로 정의하였다.

제정관(2001, p.62)은 군사통합이란 군사전반의 제반기능과 조직체계를 하나로 결합시키는 과정이며, 군사 활동의 일원화와 공동화를 위한 조직적 결합과정이라고 논의하고 있다.

권양주(2009, p.34)는 군사통합이란 국가통일을 위한 핵심 분야로 서로 다른 군사사상 위에 수립된 조직, 기능 및 제도를 통일국가의 이념과 국가목표에 맞게 외형적으로 단일화하는 것뿐만 아니라, 구성원 개개인의 내면상태를 하나로 만들어 일체감을 갖게 하는 과정이자 만들어진 상태라고 정의한다.

이와 같이 군사통합의 개념에 대해 여러 학자들의 견해를 살펴보았는데, 학자들 마다 각자 조금씩 다르게 정의하고 있으며 다양한 관점에서 여러 개념으로 사용되고 있음을 알 수 있다. 따라서 앞에서 열거한 군사통합의 여러 개념들의 공통점과 남북한 군사상황의 특수성을 감안하여 군사통합에 대한 개념을 제시하면 다음과 같다.

군사통합은 국가통합의 핵심과업으로서 두 국가의 군대를 합치는 과정이며, 합쳐진 이후의 상태를 뜻한다. 군사통합은 그 과정과 절차 그리고 결과에서 통일된 국가이념과 목표, 추구하는 가치가 맞아야 하고 다른 두 개의 지휘체계가 통일된 하나로 묶이면서 군 조직과 기능 및 군사제도를 효율적으로 일원화시킨다는 것을 의미한다.

제2절 군사통합의 유형

군사통합 개념에 대한 기존 연구들의 결과를 앞에서 보았는데, 군사통합의 유형에 대한 연구도 활발하게 이루어져 다양하게 제시되어 왔다. 기존 연구의 검토에서 제시한 바와 같이 이창욱, 김기수는 형태 측면에서는 강제적 흡수통합, 합의적 흡수통합, 대등적 합병통합으로 구분하고, 과정 측면에서는 점진적·단계적 흡수통합과 급진적 흡수통합으로 구분하였다.[3] 그리고 장홍기와 제정관은 형태 측면에서는 강제적 흡수통합, 합의적 흡수통합, 대등적 합병통합으로 구분하고, 과정 측면에서는 일방적 흡수통합과 보완적 흡수통합으로 구분하였다. 한편, 박균열은 의사소통 형태에 따라 외적 군사통합과 내적 군사통합으로 구분하였고, 권양주는 통합방식과 합의 여부에 따라 강제적 흡수통합, 합의적 흡수통합, 합의적 대등통합으로 분류하였다. 이와 같이 군사통합 유형은 형태와 과정으로 나누거나, 보는 시각에 따라 다르게 구분하고 있다.

기존의 연구결과를 기초로 여기에서는 북한의 급변사태 시 보다 실질적으로 적용할 수 있을 것으로 판단되는 절충형 통합방안을 보완하여 새로운 군사통합 유형을 제시하고자 하였다.

통일과정에서 군사통합은 국가통합의 성패를 좌우하는 핵심적인 위

---

3) 김기수, 「남북한 군사통합방안에 관한 연구」, (한양대학교 박사학위 논문, 2000), p.16

치를 차지하나, 군사통합은 큰 틀에서 보면 국가통합의 일부분이라 할 수 있다. 따라서 군사통합이 이루어지는 방식과 절차는 국가통합의 방식과 양국가의 군이 갖고 있는 구조와 특성, 그리고 통합에 영향을 미치는 전반적인 여건 등에 따라 달라질 수가 있다. 군사통합 유형을 구분하는 기준은 관점에 따라 달라질 수도 있는데, 일반적으로는 양국 간에 합의 여부, 구체적인 통합방식과 절차에 따라 구분될 수 있을 것이다. 양국 간에 합의과정 없이 한 국가에 의해서 일방적으로 통합이 이루어질 때 이것은 강제통합이라 할 수 있다. 반면 양국가 간에 충분한 논의와 협의 과정을 거쳐 통합이 이루어질 때 이는 합의통합이다. 그런데 이러한 강제통합과 합의통합을 동시에 사용하게 되는 절충형 통합이 있을 수 있다.

통합방식이란 한 국가의 군대가 상대국의 군대에 의해 해체되어 흡수되는 방식으로 이루어지는지, 아니면 대등한 입장에서 이루어지는지를 의미한다. 군사통합이 한 국가가 다른 국가를 흡수하는 방식으로 이루어진다면, 어느 한 국가에 의해 강압적인 방법으로 이루어지는 경우는 「강제적 흡수통합」이라고 한다.4) 한편, 강제와 합의에 의한 절충적 방식에 의한 통합은 절충형 흡수통합, 평화적 방식에 따라 합의에 의한 통합은 합의적 흡수통합이다. 군사통합이 양국 간에 대등한 입장과 조건에서 이루어진다면 절충형 대등통합과 합의에 의한 대등통합의 형태로 구분할 수 있는데 이를 도표화하면 다음 〈표 2-1〉과 같다.

---

4) 권양주, 「남북한 합의통일 시 군사통합 적정시기 및 절차에 관한 연구」, 『국방정책연구』 제24권 제2호(2008), p.123

<표 2-1> 군사통합의 유형

구 분		통합방식	
		흡수통합	대등통합
합의여부	강제통합	강제적 흡수통합	·
	절충형 통합	절충형 흡수통합	절충형 대등통합
	합의통합	합의적 흡수통합	합의적 대등통합

이상에서 제시한 군사통합의 유형별 특성과 차이점을 좀 더 구체적으로 보면 다음과 같다. 먼저 「강제적 흡수통합」은 통합대상국 중에서 어느 한 국가가 전쟁에서 패배하여 군사통합이 일방적으로 이루어지는 방안이다. 이때 군사통합을 위한 협상주체는 없으며 군사통합은 강압적 방법에 의해 일방적으로 추진될 것이다. 그러나 이러한 경우에 문제는 어떠한 형태로든지 남은 세력들이 무력저항을 할 가능성이 높다는 것이다. 따라서 통합 초기에는 저항 세력을 조기에 무장해제하고 진압하여 안정화시키는 것이 통일의 성패를 좌우하는 관건이 될 수 있다. 이를 위해서는 통합 주도국가의 군대가 잔여 무장 세력을 진압하고 사회질서를 확립하게 되며 필요시에는 일정기간 동안 피통합 지역에 대해 계엄이 선포될 가능성이 많다.

세부적인 군사통합은 피통합국의 군은 강제적으로 무장이 해제되고, 주도국 군제로 일방적으로 이루어지게 된다. 따라서 부대는 해체되고, 병력은 강제적으로 전역 조치가 이루어지며, 전역에 따른 일체의 보상은 하지 않게 된다.[5] 그리고 물자와 장비 및 시설 등의 자산은 몰수되고 통일된 이후 활용여부는 통합 주도국에서 자의적으로 판

---

5) 박찬주, 「남북한 군 통합 방안의 연구」, (충남대학교 석사학위 논문, 2011), p.25

단하여 결정한다. 따라서 통일된 이후의 군대는 극히 소수인원을 제외하고는 통합 주도국 병력들로 구성되기 때문에 군사통합에 따른 군 내부 문제는 가장 적게 나타난다고 볼 수 있다. 그러나 피통합 지역의 주민과는 마찰이 예상되고, 민군 간의 화합은 국가통합과 더불어 상당기간이 소요될 것이다.

다음「절충형 흡수통합」은 한 국가가 내분이 발생하여 계파 간, 당파 간, 또는 부대 간 여러 세력으로 분열되어 상호 투쟁의 형태로 혼란이 야기되는 상황에서, 우호세력과는 지원과 협상의 과정을 거쳐 합의를 하고 비우호세력이나 적대세력은 강제적인 방식으로 진압, 흡수하여 통합하는 방식이다. 이 경우에는 각 세력들이 추구하는 이념과 그들의 목표들을 잘 분석하여 우호세력과 비우호세력을 정확히 구분해야 한다. 우호세력에 대해서는 세력유지와 확장을 위하여 가용수단과 물자를 지원하며 충분한 협상의 과정을 거쳐 합의에 의한 흡수통합에 이르게 된다. 이때 비우호세력에 대하여는 설득과 협상제의 등의 과정을 거쳐 우호세력화 하도록 유도해야 한다. 그러나 우호세력으로 유도되지 않을 때에는 결국 강제적인 방식으로 진압 및 무장해제 등의 절차를 거쳐 흡수통합이 이루어지게 된다. 합의에 의하여 통합이 이루어진 세력과는 상호합의된 조건을 존중하여 조치가 이루어지게 된다. 결국「절충형 흡수통합」은 합의가 이루어진 우호세력 합의 조건에 의해 평화적인 단계적 절차에 따라 통합이 이루어지고 강제적인 방식으로 흡수된 비우호세력은 강제적 흡수통합의 절차를 거쳐 통합이 이루어지게 된다.

「합의적 흡수통합」은 양군이 통합에 합의를 하되, 실제 통합은 어느 일국 군의 주도로 통합이 이루어지는 형태이다. 이 방안은 어떤 형태로든지 국가통제 및 군 통수기능이 작동하여 협상주체가 있는 상태에서 이 협상주체에 의해 합의가 이루어져 통합이 되는 방안이며, 통합에 따른 갈등과 후유증이 최소화되도록 이루어진다. 따라서 피통합군은 무장이 해제되고, 주도국 군제 중심으로 통합이 이루어지며 군에 대한 보상도 이루어지는데 보상은 여러 가지 방안이 고려될 수가 있다. 피통합군이라도 일부는 군 생활을 계속하게 조치할 수도 있고, 아니면 이에 대한 보상이 주어질 수도 있을 것이다. 이 방안은 합의 결과에 따라 다양한 형태로 나타날 수 있다. 병력통합 측면에서만 보더라도 합의 시에 피통합군 병력에서 통일된 이후 군에 잔류할 병력규모를 먼저 합의할 수도 있고, 통합 주도국에서 통합 초기에 필요한 최소 인원만을 받아들일 수도 있으며, 병력은 모두 전역시키면서 전역에 따른 연금과 보상금만을 지급하는 방안 등이 고려될 수 있다.[6]

세부적인 군사통합은 합의 결과에 따라 각 군이 수행해야 할 임무가 단계별로 명시된다. 피통합군에 대한 무장해제와 무기 및 탄약의 분리 등 안정화 조치는 피통합군의 기존 부대에 의해 이루어지는 것이 바람직할 것이다. 이는 무력저항을 최소화하고 효율적으로 통제가 가능하기 때문에 아울러 피통합군에 대한 정보가 통합 주도국에 전달되고 통합 주도국은 이를 기초로 실질적인 통합 작업을 이행하게 된다. 한편, 통합 주도국의 전투부대는 통상 초기 단계에는 상대국의 국민감정을 고려해 투입을 지양하고, 국경선 방어, 치안 유지, 무장저항 세력 제압의 필요성 등을 종합적으로 고려하여 투입 여부와 시기를 결정해야 한다.

---

6) 권양주, 「남북한 군사통합의 유형과 접근 전략 연구」, (동국대 박사학위 논문, 2009). p.31

그리고 「합의적 대등통합」은 양국이 어느 정도 대등한 군사통합 조건에 합의하고, 양군의 특성과 강점을 살려 통합을 이루는 방안이다. 이 방안의 성공을 위해서는 무엇보다도 통합 이전에 먼저 이념과 체제가 유사한 형태로 변화되어야 한다. 통합 대상국 중에서 한 나라는 자본주의에 의한 시장경제체제가 유지되고 있는데, 상대국은 사회주의에 의한 계획경제를 채택하고 있다면 통합이 된 이후에 심각한 후유증을 겪게 될 것이다. 이 문제가 선결되고 양국 간에 군사교류가 원활하게 이루어져서 공통점이 확대되는 사전 조치가 필요하다.

통합에 따른 갈등과 후유증을 최소화하기 위해서는 통합이 이루어지기 이전에 상호 비슷한 군대를 만드는 노력이 절대적으로 필요하다. 이러한 측면에서 가장 바람직한 상태는 제도, 무기체계 등이 똑같은 군대가 양국에 있는 경우이다. 그러나 이는 현실적으로 어렵기 때문에 양군의 부대 구조와 편제, 군사제도, 무기체계, 장비 및 시설 등을 합의에 의해 유사한 형태로 통일하기 위하여 긴밀한 협의와 협력을 해야 하며 이 과정에서 많은 시간과 노력이 요구된다. 따라서 이 방안은 양군이 충분한 협의와 협력을 통해 군사 사상이나 이념, 제도, 구조 및 편제 등 유사한 상태에서 통합을 하게 되면 통합에 따른 문제를 최소화할 수 있다. 반면, 이러한 과정 없이 단기간에 통합이 되는 경우에는 통합 초기에 불안정이 내재될 가능성이 매우 높으며, 군조직 중에서 일부만을 통합하고 전투부대는 기존 체제로 그대로 남겨둔다면 차후에 갈등이 발생할 수 있다는 것이다. 또한, 통일과정에서 통일만을 고려한 나머지 군사통합 문제를 소홀히 처리한다면 통일 자체를 깨뜨리는 결과를 가져올 수도 있다는 것이다.

「절충형 대등통합」은 국가 내분으로 국가 권력이 여러 세력으로 나뉘어 투쟁 상태에 있을 때, 우호세력은 지원과 협상의 과정을 거쳐 합의에 도달할 수 있다. 비우호세력은 설득의 과정을 시도하나 우호세력으로 전환되지 않을 경우에는 궁극적으로 강제적 수단으로 흡수하게 되는 것이다. 이때 우호세력과는 합의에 의하여 흡수통일을 할 수 있고, 합의 결과에 따라 대등한 조건하에서 대등통합으로 이루어질 수도 있다. 따라서 절충형 대등통합의 경우에는 다른 국가의 일부는 강제적 흡수통합, 일부는 합의에 의한 대등통합이 이루어지는 형태가 되는 것이다. 이것을 큰 틀에서 보면 합의에 의한 대등통합의 유형과 유사하나 한 국가의 일부는 강제적 흡수통합이 이루어지는 것을 볼 때「절충형 대등통합」의 유형으로 구분하는 것이 보다 명확하고 구체적인 분류라 생각된다.

<표 2-2> 군사통합의 유형별 특징과 차이점

구 분	강제적 흡수통합	절충형 흡수통합	합의적 흡수통합	절충형 대등통합	합의적 대등통합
협상주체	없음	있음	있음	있음	있음
통일군 군제	주도국 군제 적용			합의에 따라 결정	
무장해제 여부	해제			비 해제	
전역에 따른 보상	미 보상	합의에 따라 보상		기존 제도 유지	
군사자산	몰수	합의에 따라 보상		유지, 통합	
통합 소요 기간	단기간	단기간	장기간	장기간	장기간
통합 추진 기구 구성	불필요	필요			

출처 : 권양주, 전게서, p.33을 참조하여 재구성함.

가장 이상적이고 평화적인 통합방안은 합의적 흡수통합이나 합의적 대등통합이 될 것이다. 양국 간에 평화적 통일 여건이 조성되고 평화적으로 합의의 과정을 거쳐 충분히 동화되고 유사체제로 변화되어 통합이 이루어지는 것이다. 이러한 경우 국방부나 합참 등 상부 체계를 먼저 통합하고 점진적으로 하부구조를 통합해 나가는 것이다. 양군이 참여하는 통합추진기구가 만들어질 필요가 있고, 양군의 통수기구로부터 권한을 위임받아 통합작업을 하는 것이 바람직하다. 통합에 따라 병력감축이 필요할 경우에 병력감축은 각 군에 의해 이루어지고 보상도 기존대로 이루어지게 된다. 합의에 따라서는 경제규모 등을 고려해 어느 일국이 상대국을 지원할 수도 있을 것이다. 이 방안은 비슷한 체제가 되어 있는 상태에서 통합 시에는 동화에 큰 문제가 없겠지만, 이질화되어 있는 부분이 많을 때는 동화가 쉽지 않을 것이다.

한편, 통합대상국들이 상기와 같은 군사통합 유형 중에서 어느 방안으로 통합을 할 것인지를 결정하게 하는 주요한 영향요인은 통합과정의 절차와 속도이다. 즉, 양국이 군사통합을 협의를 거쳐 점진적으로 하느냐, 아니면 급박한 상황으로 인해 급진적으로 하느냐에 따라 달라진다.

양국이 시간을 가지고 충분한 협의와 단계를 밟아서 점진적으로 이루어지는 경우에는 「합의적 흡수통합」이나 「합의적 대등통합」 방안을 따르게 될 가능성이 높다. 반면, 군사통합이 통합국가 간에 충분한 사전 협의가 없이 급진적으로 이루어지게 되는 경우에는 일반적으로 「강제적 흡수통합」 방안으로 흘러갈 것이며, 강제와 합의가 병행하여 이루어질 경우는 절충형 흡수통합 또는 절충형 대등통합으로 이루어질 수 있을 것이다. 이를 도표화하면 다음과 같다.

〈그림 2-1〉 군사통합 유형 개념도

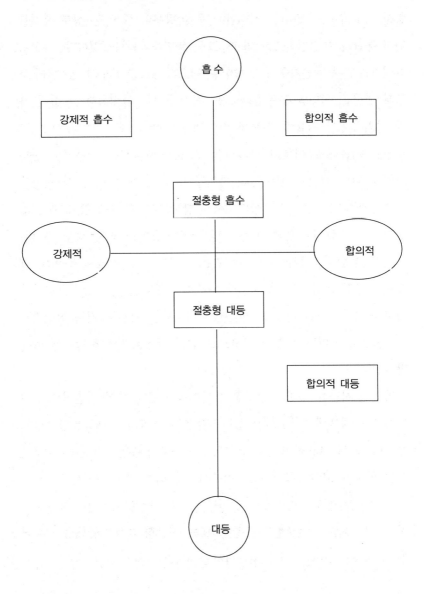

제3절 사례분석과 시사점

I. 군사통합 사례분석

제2차 세계대전이 막을 내리고 전 세계적으로 12개 지역에서 분단 국가가 생겼다. 그러나 분단국들이 모두 다시 통일되기를 바라는 것은 아니었으며, 통일을 희망했던 국가 중에서는 중국과 대만을 제외하면 한반도의 남북한만이 분단된 국가로 남아 있다.[7] 통일을 이루어 낸 독일, 베트남과 예멘은 각자 다른 방식으로 군사통합이 이루어졌다. 베트남은 치열한 전쟁 후에 강제적으로 군사통합이 되었고, 예멘은 처음에는 평화적인 합의에 의해 대등한 입장에서 군대를 물리적으로 통합했으나 갈등이 나타나면서 다시 내전을 치르고, 전쟁에서 승리한 북예멘의 주도하에 강압적으로 군사통합이 이루어졌다. 독일은 합의에 의해 흡수하는 방식으로 통합이 되었다. 군사통합을 해야 하는 우리의 입장에서는 이와 같은 군사통합 유형별로 통합사례가 있어서 좋은 참고와 교훈이 될 수 있다. 이러한 사례들은 남북한이 대치하고 있는 현재 상황이 이미 통일을 이룬 국가들 당시의 상황과는 다른 면이 많기 때문에 그대로 받아들이기에는 한계가 있다. 하지만 이

---

7) 제2차 세계대전 종전(1945년) 이후 분단된 12개 지역 가운데에서 인도와 파키스탄, 팔레스타인 및 이스라엘, 내몽고와 외몽고, 남북 에이레, 라오스와 캄보디아, 르완다와 부룬디, 파키스탄과 방글라데시 등에서는 통일에 관한 문제가 제기되지 않고 있다.

러한 통일된 국가들의 통합사례를 분석해 보려고 하는 것은 외국의 통합사례가 우리에게 합리적인 통합방안을 모색하는 데에 많은 시사점과 교훈을 줄 수 있을 것이라는 기대와 바람이 있기 때문이다.

외국사례의 분석은 남북한 군사통합에 대비하여 사전에 준비해야 할 사항과 통합 간 유의해야 할 사항, 통합 후 발생한 문제점과 후유증들은 무엇인가에 중점을 두고자 한다. 세부적으로 보면, 주변국들은 통일국가의 군사문제를 어떻게 보았고 통일국가는 이러한 사항들을 어떻게 처리했는가? 둘째, 통일 전에 양국군 간에 군사통합 문제가 어떻게 논의되었는가? 셋째, 군사통합 문제가 언제 어떠한 방식과 절차를 통해서 추진되었는가? 넷째, 군사통합이 안정적으로 이루어지기 위해 어떠한 조치들이 취해졌으며 추가로 무엇이 필요한가? 그리고 세부적인 군사통합은 어떤 개념하에서 이루어졌으며, 통합 이후에 나타났던 문제점과 후유증은 무엇인가 등이다.

가. 독일의 군사통합

(1) 독일의 분단과 통일

1945년 5월 제2차 세계대전의 주도국이었던 독일이 무조건 항복을 하게 됨에 따라 미국과 영국, 프랑스, 소련 등 4개의 전승국이 맺은 포츠담 협약에 따라 독일은 분단이 되었다. 서쪽은 미국을 비롯한 서방이, 동쪽은 소련에 의해 점령된 것이다. 1948년에 이르러 런던에서 관련 6개국이 모여 독일연방공화국 창설을 추진하기로 하였으며 이의 일환으로 통화개혁을 실시하였다. 그러나 소련은 통화개혁에 반발하고, 서측과의 육상교통도 차단하면서 전력, 석탄, 의약품 등을 포함한 모든 상품이 서측으로 지원되지 못하도록 통제하였다. 이렇게 되자 서측은 이듬해인 1949년 5월에 새로운 '독일연방공화국' 헌법을 채택하고 연방의회 소집에 이어 대통령, 수상 등을 선출함으로써 조각을 완료하였다.

한편, 소련의 지배를 받고 있던 동측 지역은 1946년에 공산당과 사회민주당을 통합한 독일통일사회당을 구성하고 1947년 12월에는 인민회의를 소집하여 공산주의를 기본이념으로 하는 통일된 독일을 재건하기 위해 서독 정권수립을 저지하였다. 서측 지역이 별도의 헌법을 제정하려고 하자 소련은 1948년 3월 20일 독일 공동관리위원회에서 탈퇴하고 동독정권 수립에 착수하였다. 1949년 10월 7일에는 '독일민주공화국' 헌법을 선포함으로써 독일은 동독과 서독으로 분단되었다.

1969년에 집권한 서독 브란트 수상은 독일통일을 위한 동방정책(Flexible Ostpolitik)[8]을 추진하였다. 브란트 수상은 통일을 실현하기 위해서는 현실 인식을 바탕으로 먼저 독일 민족의 공동체 의식이 확산되어야 한다고 보았다. 이에 따라 대내적으로는 통일을 위한 주변 여건이 형성되도록 동구 각국을 대상으로 협력을 강화하였다. 이를 위해 대내적으로는 동·서독 관계개선을 모색하여 상호신뢰를 회복한다는 요지의 '동·서독 기본조약'을 1972년에 체결하고, 1981년에는 이주협정을 맺음으로써 상호 교류가 본격화되었다. 이 조약과 협정에 따

---

8) 1969년 10월 28일 서독의 빌리브란트 수상에 의해 발표된 동방정책의 주요 내용은 국제법이 아닌 국내법에 따라 독일 내 2개 국가 존재 인정, 양독 간 불가침 조약 체결, 독일에 대한 4대 전승국의 권리와 의무를 존중, 양독 간 경제·문화 교류 협력 추진, 대소련 및 폴란드 무력사용 포기, Hallstein원칙 폐기 등이다. 이철기, 「통일과정에서 남북한 군사통합 방안에 관한 연구」, (동국대 석사학위 논문, 2002), p.21

라 양국은 약 15년간 1천만여 명이 상호 방문을 실시하였고 매년 약 3만 명 이상이 동독에서 서독으로 이주하였다. 이후에 동독의 경제 악화 시 이 조약은 동독에게 서독의 발전상과 사회 모습을 전파하는 계기가 되었고, 이를 통해 동독인들 사이에 서독에 대한 동경과 통일에 대한 갈망이 커져 동독 주민 이탈 및 동독 급변사태의 배경이 되었다.[9] 또한 우편, 문화, 예술, 언론과 방송교류 등도 활발히 진행되어 양독 간 동질성을 회복하는데 크게 기여하였다. 그리고 서독은 소련과 상호 무력행사 배제와 국경선 준수에 관한 협상을 추진하여 1970년 8월 12일 모스크바에서 '독·소 불가침조약'[10]을 체결하였다.

1980년도에 이르러 동독경제는 매우 어려운 상황에 빠지게 되었는데 동독의 주요 교역대상국은 소련을 포함한 코메콘(COMECON) 국가였고 이들 국가와의 교역이 전체의 2/3를 차지하였다. 특히, 소련과의 교역량은 동독 전체의 40%를 점유하고 있었다. 그런데 80년대에 들어 소련 고르바초프의 개혁·개방정책 추진과 동구권의 경제가 붕괴되면서 코메콘 그룹 내의 교역체계도 와해되었다. 소련으로부터의 원자재 수입가격이 가파르게 상승하였고 코메콘 그룹이 와해되기 시작하자 수출 경쟁력은 매우 약화되었다. 동독으로서는 이를 만회하기 위해 출혈 형태의 수출을 할 수밖에 없었으며, 이로 인해 동독의 대외부채가 급증하였다. 더군다나, 비효율적인 계획경제구조 때문에 동독경제는 급격히 침체되면서, 서독과의 국력격차는 더욱 심화되었다.

---

9) 한국국방연구원, 『동독 급변사태 시 서독의 통일정책』, (2012), p.117

10) 독·소 불가침조약 5개항: ①유럽평화유지, ②분쟁의 평화적 해결, ③무력행사포기, ④「오데르-나이세선」을 포함한 현 국경선 존중, ⑤독일 민족 자결권에 의한 통일 의사 존중. 제정관, 「남북한 군사통합 방안과 통일 국군건설방향」, (경남대 박사학위논문, 1998), p.38

이렇게 경제가 악화되자 1989년 6월부터는 동독주민들이 서독으로 대규모 탈주를 시작하였다. 동독 주민들의 대규모 이탈은 독일 통일의 시발점이 되었다.

국가붕괴 위기를 느낀 동독정권은 서독주재 동독 대사관과 동독주재 영국·미국 대사관을 폐쇄하는 등 강경한 조치를 하였다. 그러나 동독주민들은 국경이 개방된 헝가리, 체코, 오스트리아 등을 통해 탈주를 계속하였고, 베를린 장벽이 무너지게 되는 1989년 8월부터 11월까지 난민 수는 20만 명에 이르렀다. 동독정부로서는 탈주 상황을 더 이상 통제할 수가 없게 되었을 뿐만 아니라, 때를 같이하여 민주개혁을 요구하는 대규모 반정부시위가 발생하였다. 그리고 재야에서는 동독 교회세력의 대표주자인 개신교회를 중심으로 반정부세력 결집이 활발하게 이루어졌다.

이러한 상황에서 다시 페레스트로이카를 추진하던 고르바초프가 동독정권 수립 40주년을 기념하기 위해 1989년 10월 6일 동독을 방문하였는데, 민주개혁을 요구하는 시위 군중에게 불붙은 곳에 기름을 부은 격이 되었다. 시위군중이 급격히 증가하여 수십만 명에 이르렀고, 민주개혁 요구를 넘어서 '우리는 한민족(Wir sind ein Volk)'이라는 구호까지 등장하게 되었다. 고르바초프는 당시 동독 당서기장 겸 국가평의회 의장이었던 호네커에게 사회주의 공동번영을 위해 페레스트로이카에 참여할 것을 제의하였으나, 호네커는 참여할 뜻이 없음을 밝히고 최소한의 개혁의지도 보이지 않았다. 이에 민주화와 개혁을 요구하는 시위가 전국 주요 도시에서 일어났고, 급기야 고르바초프가 방문한 지 보름도 되지 않은 10월 18일에 사임하는 사태에 이르렀다.

후임 당서기장에 선출된 크렌츠는 일반 대중의 요구를 받아들여 고르바초프의 노선을 지지하고 개혁에 착수할 것임을 천명하였으나 그가 구상한 개혁은 매우 소극적인 것으로 국민들에게 신뢰를 주지 못했다. 반정부 시위가 더욱 고조되자 크렌츠는 당시 수상 등 강경 보수파를 몰아내고, 모드로우를 중심으로 한 개혁 내각을 출범시켰다. 개혁 내각은 11월 9일 베를린 장벽을 개방하는 등 개혁프로그램을 마련하여 추진하였으나, 불행하게도 공산당원들의 부정부패가 드러나 공산당에 대한 불신은 극에 달하였고, 대규모 시위로 발전했다. 결국 크렌츠도 1989년 12월 6일 당서기장과 국방위원장직에서 물러나고 내각이 총 사퇴하였다. 붕괴위기에 직면한 동독 공산당은 자구책의 일환으로 당명을 민사당(PDS)으로 개칭하였다. 상황이 이렇게 되자 개혁성향의 공산주의자인 모드로우가 실질적인 개혁의 책임을 지게 되었다. 모드로우는 권력투쟁을 없애기 위해 민사당 대표, 교회 대표, 반정부 세력의 대표들로 원탁회의를 구성하였다. 10여 차례에 걸친 원탁회의에서 결정된 주요 내용은 슈타지(STASI)[11]를 1990년 1월 12일까지 해체하고, 인민회의 총선을 1990년 3월 18일 실시하기로 한 것 등이었다.

한편, 독일이 통일을 위해서는 동독과의 합의는 물론, 전승국들의 승인이 필요했다. 서독의 콜 수상은 우선 동독과 통일 협상에 나섰다. 콜 수상은 1989년 11월 28일 모드로우가 동년 11월 17일 제안한 양독 간 포괄적인 '조약공동체' 체결을 수락하였다. 그리고 연합구조를 거쳐 통일 연방국가를 형성하는 독일통일 3단계 통일방안과 더불어 연방제 추진을 위한 프로그램 10개항[12]을 발표하였다. 이 프로그램에는

---

11) 슈타지는 1950년부터 1990년까지 존재했던 독일 민주공화국의 정보기관이었으며 첩보 및 방첩, 국민에 대한 감시를 담당했던 기관, 위키백과사전

신속한 군축과 군비통제 노력을 강화하자는 내용과 동독에 대한 서독의 다각적인 지원, 동독의 자유 총선거 실시 및 시장경제 도입 등의 내용이 포함되어 있었다. 콜 수상은 동독에 정상회담을 제의하여 제1차 정상회담이 1989년 12월 19일 개최되었다. 이 회담에서는 모든 분야 협력을 위한 조약체결과 1990년 초에 양독 간에 '조약공동체'를 맺기로 합의했다. 그리고 서독이 동독에 100만 DM을 제공하는 대신에 동독은 서독 여행자에 대한 의무 환전과 비자를 면제하고 정치범을 석방하기로 하였다. 그리고 1990년 2월 13일부터 이틀간 본에서 개최된 제2차 정상회담에서는 화폐단위를 통일하고 시장경제 도입을 위해 동독이 법적 정비를 하기로 하였다. 이를 위해 양독 정부는 화폐·경제개혁·재정 및 사회보장 분야 전문가들로 공동실무기구를 구성하였다.

양독 간에 통일논의가 진행되는 가운데 동독에서는 1990년 3월 18일 자유 총선거를 앞두고 선거전이 치열하게 벌어졌다. 민사당(기존 공산당)은 동서 군사기구 해체를 전제로 중립화 통일방안을 주장한 반면, 중도 우익은 신속한 통일방안을 주장했다. 독일연합은 서독 기민당의 적극적인 지원 하에서 동독 유권자들의 환심을 사게 되었고 선거결과 낙승을 하였다. 그러나 과반수를 채우지 못했기 때문에 연정이 필요했다. 드 메지에르 기민당 당수는 군소정당과의 연합을 통해

---

12) 독일통일 3단계 통일방안의 추진 프로그램 10개항은 1. 대동독 의료 및 재정을 포함한 다각적인 지원, 2. 통신망 확충 및 고속전철 부설 등 환경개선지원, 3. 동독의 자유총선거 실시 및 정치범 석방, 시장경제 도입, 4. 모드로우 동독수상의 조약공동체 체결제안 수락, 5. 양독 간 연합체 형성 및 이를 기초로 한 연방 구축, 6. 통독문제는 유럽 통합 및 동서독 관계개선과 연계추진, 7. 동독 및 동구국가에 EC문호 개방, 8. 유럽안보협력회의(CSCE)를 전 유럽공동체 구상의 핵심기구로 인정, 통일추진 시 적극 반영 계획, 9. 광범위하고 신속한 군축 및 군비통제 노력 강화, 10. 동독 및 유럽 안보 실행을 위한 지속적 노력 전개 등이다. 권양주, 전게서, p.38

과반수를 만드는 것보다는 독일의 원활한 통일을 위해 대연정이 필요하다고 보았다. 따라서 제2정당으로 부상한 중도 좌익의 사민당(SPD)과 극우정당인 독일사회연맹(DSU)을 포함한 대연정을 제안하였다. 사민당은 독일사회연맹을 배제하자고 주장하였으나, 협상 결과 독일사회연맹을 연정에 참여시켜 400 의석 가운데 301석을 차지하는 대연합정부가 탄생하게 되었고, 이로써 통일을 향한 행보의 신속한 기반이 마련되었다.

동서독은 합의에 따라 1990년 5월 18일 '통화·경제·사회 보장 동맹에 관한 조약'을 체결함으로써 실질적인 통합의 기반을 마련하였다. 7월 1일부로 효력이 발생된 통화·경제 등 통합조약은 동독 주민의 탈주를 막는 데 일부 기여한 측면이 있다. 그러나 동독정부로서는 사회주의 계획경제체제를 자본주의 시장경제로 전환하는 것은 그리 쉽게 해결할 수 있는 일은 아니었다. 실업률이 3배로 증가하여 실업자 수가 140만여 명에 이르는 등 커다란 고통이 따랐다.[13]

동서독은 통일조약 초안을 마련하여 1990년 8월 31일 양독 정부가 서명을 하였는데, 공식통일은 1990년 10월 3일로 하고 전국총선은 동년 12월 2일로 결정하여, 이로써 통일을 위한 내부문제는 완결되었다.

그러나 독일의 통일은 내부적으로만 결정하여 이루어질 사안은 아니었고, 전승 4개국으로부터 승인이 필요하였다. 주변국들과의 국경선 획정, 북대서양조약기구(NATO)와 바르샤바조약기구(WTO)[14]와 같

---

13) 권양주, 전게서, p.40

14) 북대서양조약기구(NATO)는 제2차 세계대전 후에 동유럽에 주둔하고 있는 소련군에 대항하기 위해 최초 1949년 4월에 조인되었고 서독은 1955년에 가입하였다. 바르샤바조약기구(WTO)는 서독이 NATO에 가입하자 서독의 재무장과 NATO에 대항하기 위해 소련을 비롯한 동독, 폴란드, 헝가리 등 8개국 총리가 폴

은 집단안보체제에 잔류여부, 그리고 통일 독일군의 위상 등으로 요약해 볼 수 있다.

주변국 및 이해 당사자국들과의 협상은 주로 서독정부에 의해 이루어졌다. 1989년 11월에 콜 수상이 발표한 '연방제추진 10개항 프로그램'을 소련이 공식적으로 반대 입장을 표명했기 때문에 소련의 저항을 어떻게 극복하느냐가 대단히 큰 문제였다. 더군다나 제1차 양독 정상회담을 갖은 후 동독 모드로우 수상은 1990년 1월 30일 모스크바를 방문하여 고르바초프와 독일 통일방안에 대해서 의견을 교환하고 서독의 통일방안을 반대한다는 입장을 다시 한 번 확인하였다. 그리고 2월 1일 귀국 기자회견에서 모드로우는 콜 수상의 3단계 통일방안에 대한 대안으로 연방제 중립국으로 통일을 위한 '4단계 통일방안'을 역제안하였다. 4단계 통일방안에는 서독으로서는 받아들일 수가 없는 '동서독은 NATO와 WTO에서 탈퇴하여 군사적 중립을 지킨다'는 내용이 포함되어 있었다. 이는 유럽의 기존 질서를 깨뜨리지 않고 통일을 하겠다는 서독의 기본 구상과는 배치되는 것으로 미국의 영향력을 제거하려는 소련의 의도가 내포되어 있었다.

소련의 의도를 간파한 콜 수상은 2월 10일 고르바초프를 방문하여 생필품 공급과 50억 DM의 재정지원을 약속하며 소련의 이해를 구했다. 이러한 제의를 받은 고르바초프는 독일 통일은 범유럽 구상과 동서관계 진전을 보아가며 독일인 스스로가 결정해야 할 문제라고 의견을 피력하였다. 그러나 소련은 정상회담에서는 이러한 입장을 나타냈으나, 회담 후에는 동독이 단 기간 내에 서독으로 편입되는 것에 대해 반대를 하고, 통일 독일이 NATO에 잔류하는 것은 수용할 수 없다는

란드 바르샤바에 모여 1955년 5월에 결성했다. 브리태니커 백과사전

입장을 표명하였다. 콜 수상은 소련으로부터 긍정적인 답변을 얻어내기 위해 계속 노력을 함과 아울러, 서방 동맹국들로부터도 협력을 받아 내기 위해 미국, 프랑스, EC회원국, NATO회원국, G7 정상들과 연속적으로 정상회담을 가졌다.

독일이 통일을 이룩하는 데 또 다른 문제들은 통일 독일의 군사적 위상과 국경선을 획정하는 것이었다. 막강한 경제력과 총인구 8천만 명, 35.7만㎢의 면적을 갖는 독일이 대규모의 군사력을 보유하게 된다면 큰 위협일 수밖에 없었다. 이러한 우려 때문에 통일 독일의 군사적 위상을 논의하기 위해 전승 4개국은 동서독이 참가하는 4 + 2 회담의 필요성을 느꼈다. 이에 따라 1990년 2월 13일 6개국 외무장관15) 은 캐나다 오타와에서 모임을 갖고 6개국이 회담을 통해 해결해 나가기로 하였다. 이 모임의 주요 쟁점은 독일과 폴란드 간 국경문제였다. 독일과 폴란드 간에 국경선 문제는 "1937년 독일이 침공하여 점령한 바 있는 오데르·나이세(Oder-Neisse)선 강변의 영토를 어느 나라로 귀속시킬 것인가?"였다. 이 문제를 종결짓기 위해서 다음 회담에서 폴란드 대표도 참여시키기로 하였다.

이러한 제반 문제를 해결하는 첩경은 고르바초프와의 담판16)이라

---

15) 서독의 겐서(Hans-Dietruch Genscher), 동독의 피쉐(Oska Fisher), 미국의 베이커(James Baker), 소련의 세바르드나제(Eduard Schevandnadse), 영국의 허드(Douglas Hurd), 프랑스의 듀마(Roland Dumas)

16) 이 회담에서 합의된 주요 내용은 ① 통일 독일은 동서독과 베를린을 포함한다. ② 통일이 되면 전승 4개국의 권리와 책임은 없어지게 된다. ③ 통일 독일은 어떠한 동맹에 소속할 것인지를 스스로 결정한다. ④ 동독주둔 소련군은 3~4년 내에 철수하며 철수비용은 독일이 부담한다. ⑤ 소련군이 동독지역에 주둔하고 있는 한 NATO는 이 지역까지 확장하지 않는다. ⑥ 통일 독일군은 3~4년 기간 동안에 37만 명으로 감축한다. ⑦ 통일 독일은 핵 및 화생무기의 제조, 보유를 하지 않고 핵확산금지조약(NPT) 가맹국의 지위를 유지한다는 것 등이었다. 권양주, 전

고 생각한 콜 수상은 7월 15일 다시 모스크바를 방문하여 장애요인들을 제거했다. 이 회담에서 ③항은 독일이 통일하는 데 풀기 어려웠던 장애요인이 해결되었음을 의미한다. 즉, 서독이 구상한 대로 통일 독일은 NATO에 잔류해도 소련에서는 관여하지 않겠다는 것으로 기존의 입장이 바뀐 것이다. 소련의 결정이 내려지게 된 것은 콜과 고르바초프 정상회담이 있기 10일 전인 7월 6일에 NATO 수뇌회담이 있었는데, 이 회담에서 NATO는 소련과 WTO를 더 이상 적대자로 보지 않는다는 선언을 했기 때문이다. 이 선언에 대해 고르바초프는 '역사적인 전환점'이라고 호평을 한 바 있다.

그리고 병력규모를 37만 명으로 감축하기로 합의하였는데, 정상회담 전에 독일 내에서 병력규모를 어느 정도로 정할 것이냐를 놓고 논의가 있었다. 1989년 3월부터 유럽안보협력회의(CSCE)[17] 주도로 유럽 재래식무기감축협정(CFE)이 진행 중에 있었으므로 통일 후 병력규모에 대해서는 1990년 초까지만 해도 개략적인 판단마저 곤란하였다. 소련과의 협상을 앞두고 당시 서독 외무장관 겐셔는 소련으로부터 독일의 통일을 약속받기 위해서는 대폭적인 병력감축을 신속히 제안할 필요가 있다고 주장하였다. 그러나 국방장관 쉬톨텐베르크는 43만 명을 하한선으로 제시하였다. 협의 결과 기본개념은 동독에 주둔하고

게서, p.42

17) 유럽안보협력회의(Conference on Security and Cooperation in Europe)로 1973년 7월 헬싱키에서 35개국이 참석하여 첫 회의를 실시한 이래 1975년 ① 유럽 안보문제, ② 경제 및 기술 환경에 관한 협력, ③ 인도적 분양의 협력, ④ 정기적인 검토회의 개최 등을 포함한 헬싱키 협정을 조인하였다. 서독은 ③항에 의거 동독을 포함 동구권과 교류를 강화하였으며, 본 회의는 독일 통일 시까지 유럽 안보에 중요한 역할을 수행하였다. 하정열, 『한반도 통일 후 군사통합 방안』, (서울: 팔복원, 2006), p.46

있던 소련군 병력규모 38만 5천 명보다는 적은 대략 37만 명이 적절하다는 데에 일치를 보았다. 하지만 협상을 통해 35만 명 선까지는 양보할 수 있다는 데에 뜻을 같이했다.[18] 회담결과는 독일의 원하는 결과로 나타났다.

그리고 동독에 주둔하고 있던 소련군의 철수비용으로 독일은 소련에게 유지비, 철수비, 재교육 및 주택비 등에 필요한 120억 DM을 제공하기로 하였다. 이러한 협상에 대해 동독의 마지막 수상을 지냈던 드 메지에르는 통일 후에 "고르바초프는 동독한테 직접 무엇을 원한 것이 아니라 동독을 이용해 부자인 형(서독)으로부터 간접적으로 얻어내려고 했습니다. 소련은 동독을 서독에게 가능한 비싸게 팔려고 했습니다."라고 하였다.[19]

아무튼 콜-고르바초프 간 정상회담에 따라 동년 7월 17일 개최된 제3차 2+4[20]회담에서는 독일과 폴란드 국경은 현재의 국경선으로 하기로 합의가 이루어졌다. 그리고 1990년 9월 12일 모스크바에서 개회된 4차 회담에서 통일 독일의 군사적 위상에 관한 최종 합의가 마침내 이루어졌다. 주요 내용은 통일 독일은 NATO 정회원 자격을 갖되, 통일 독일군의 병력은 4년 이내에 37만 명[21]으로 약 30만여 명을 감

---

18) 국방부, 『독일 군사통합자료집』, p.45, pp.147~148

19) 이수혁, 『통일 독일과의 대화』, (서울: 랜덤하우스 중앙, 2006), p.182

20) 전승 4개국은 당초에 4+2회담을 주장했고, 1차 회담인 캐나다 오타와 회담(1990년 2월 13일)까지는 4+2회담이었다. 그러나 동서독은 2차 회담부터는 통일은 자신들이 결정하고, 전승국은 필요한 만큼만 참여할 뿐이기 때문에 2+4회담이어야 한다고 못 박았다. 그리고 2+4회담에서 논의할 것은 통일여부가 아니라 통일을 위한 세부적인 방안이라고 밝혔다. 권양주, 전게서, p.43

21) 통일 독일의 전력보유 상한선은 CFE 규정에 의해 장갑차 4,166대, 전차 3,446대, 야포 2,705문, 전투기 900대 등으로 제한되었다.

축하며, 통일 독일은 핵과 화생무기를 생산하거나 보유하지 않도록 하였다. 그리고 통일 독일의 영토는 현재의 동서독 및 베를린으로 국한시켰다. 이러한 회담결과는 10월 1일 뉴욕에서 개최된 구주안보협력회의(CSCE)에 보고되었고, 전승 4개국이 동서독에 대한 권리와 책임을 중지하는 선언을 함으로써 '독일 관련 최종처리에 관한 조약'은 효력을 발생하게 되었다. 독일은 드디어 10월 3일 통일이 되었다.

(2) 동·서독의 군사통합

(가) 군사통합 합의 과정

서독의 군사통합을 위한 노력은 주변국에 대한 사전 정지작업과 독일군 자체 통합과정으로 요약될 수 있다.[22] 통일 노력을 위한 주변국가와의 관계에서 서독 통일외교의 핵심은 관련국 등의 통일 독일에 대한 안보 불안감을 제거하는 것이다. 전승 4개국(미·영·불·소) 점령체제의 공식적 종결, 동독 흡수통합과 통일 독일의 NATO 잔류에 대한 소련의 동의, 통일 동독의 군사적 위상, 독일-폴란드의 국경문제, 외국군의 철수 문제 등이 주요 과제였고 2+4회담과 영수회담을 병행하여 추진하였다. 1990년 7월 15일 서독의 콜 수상과 소련의 고르바초프 대통령과의 정상회담에서 통일 독일군 규모를 37만으로 하며 1994년까지 소련군 철수 및 통일 독일군의 NATO 잔류 등이 합의된 후, 서독 정부는 통일 시 동독군을 완전 해체시키되 동독 인민군 5만여명을 연방군에 편입시키면서 동부지역 사령부 설치계획을 발표하였다.('90년 7, 8월) 또한 연방국방부 산하에 통합대비단[23]을 설치('90. 8.

---

22) 제정관 외,『통일과 무형 전력』, (국방대학교 안보문제연구소, 2002), pp.46~47
23) 배진수,『북한 통일 남북관계 예측 : 측정지표 및 예측 평가』, (서울 : 지샘, 2006),

17~'90. 10. 3)하여 동독 국방부와 접촉을 통해 주요 결정사항 준비, 현황 파악과 아울러 지휘권 인수를 준비시켰으며 신설 예정 동부지역 사령관을 임명('90. 8. 25)하였다. 동부지역사령부[24]는 동독군을 인수하여 부대안전과 지휘체제를 보장하고, 부대를 단계적으로 해체하였다. 병력은 감축 조정하고 무기, 장비, 물자와 탄약을 인수 관리하며 새로운 연방군 부대를 창설, 소련군과의 협력을 강화하여 철수를 지원하라는 내용으로 동독군 부대의 지휘와 해체 및 편입을 총괄하는 임무를 부여하였다. 또한 동독 인민군에 대한 법적 지위와 급료문제를 발표하고 쌍방 간 총 37만 명(동독군 5만 명 포함)으로 통합군을 편성한다는 조약을 최종 타결하여 준비를 마쳤다.

통일 후 군사통합 과정을 보면, 1990년 10월 3일 통일이 되면서 기존 동독 인민군의 모든 명령과 지휘권은 독일 연방군에게 인계되었다. 서독에 편입된 동독군에는 서독의 법과 규정이 적용되었고 동독지역에는 독일연방군 동부지역사령부가 창설되어 기존 동독 인민군의 모든 명령지휘권을 접수하고 주된 임무인 동독 인민군의 해체 및 개편에 착수하였다. 동독군으로부터 인수한 육군 2개 군사지역을 2개 방어지역 사령부로, 6개 사단을 6개 여단으로, 해군 3개 전단을 3개 전대로, 공군 2개 사단을 1개 비행사단으로 개편하여 1991년 6월 30

---

p.261 동서독 간 군사통합 여건조성을 위해 최초로 설치된 과도기적 기구, 1990년 8월 17일 동서독 국방부 간 합의에 의거 군인과 민간인 등 모두 20명으로 구성되어 동독 국방부와 부단히 접촉을 유지하는 가운데 양독 간 군사통합과 연방군 재편에 필요한 사안을 준비, 특히 병력·물자·예산·사회복지 관련 사안, 각종 군사시설·통신체제·위생시설 및 인민군 경제 활동 등에 관한 현황파악을 비롯하여 명령권과 지휘권 인수에 따르는 문제점의 사전 해결 및 동독지역에 신설될 지휘 조직의 구성과 주둔지에 관한 준비 업무를 주로 담당했는데 그 임무는 1990년 10월 3일부로 동 임무를 승계한 연방국방부 외청의 설립과 함께 종료.

24) 200명의 서독 연방군 장병과 300명의 구 동독군 출신 장병으로 혼합편성

일부로 독일 연방군 육·해·공군 지휘체계로 편입시켰다.[25]

연방군의 군사개혁은 작전능력을 구비한 군 건설을 통하여 안보정책을 뒷받침하고, 경제적이고 효율적인 군을 운용하여 전력증강을 위한 투자비를 확보하며 경제와의 협력을 통하여 국가발전에 기여한다는 데에 추진목표를 두었다. 분야별 군사개혁의 내용은 첫째, 조직과 편성에서 공통 임무를 통합하여 합동성을 강화하고, 둘째, 인력구조와 인사방침 및 제도 분야에서 군의 인력을 줄이고, 셋째, 전력증강 분야에서 장비를 현대화하여 수단을 향상시키고, 마지막으로 민간경제의 제휴 및 협력을 통하여 획득과 운영의 경제성과 효율성을 추구하였다.[26]

〈표 2-3〉 통일이전 동·서독 병력 비교

구 분		육군	해군	공군	기타	총계
서독	병력	345,000	39,000	111,000		495,000
	주요부대	3개 군단 12개 사단 3개 지역사 6개 관구			민간인 180,000 (군비국, 국방행정) 예비군 750,000 (대기, 동원, 일반)	
동독	병력	120,000	16,000	37,100		173,100
	주요부대	2개 군사령부 6개 사단 2개 지역사	3개 전단 1개 통신지원사 1개 항공단	2개 비행사단 1개 방공사단	예비군 323,500 국경수비대 47,000	
통일후	병력	260,000	26,200	82,800		370,000
	주요부대	8개 사단 3개 지역사 6개 관구	5개 전단 2개 지원사 항공대	5개 비행사단 공군지원사령부	예비군 530,000 국경수비대 38,000	

출처 : 김계동, 『남북한 체제통합론』(서울: 명인문화사, 2006), p.263

---

25) 김계동, 『남북한 체제 통합론』, (서울: 명인문화사, 2006), pp.263~264
26) 이명환, 「통일 후의 독일연방군의 군사개혁(下)」, 『군사논단』 제38호, (2004), pp.176~177

(나) 병력통합

통일 전 동서독의 총병력에 대해 알아보면 서독은 상비병력 495,000명과 예비군 75만 명을 유지하였고, 미군을 주축으로 외국군은 7개국 14개 사단 약 40여만 명이 주둔하였다. 또한 국경수비를 위해 별도의 2만 명을 편성 운용하였다. 이에 비해 동독은 173,100명의 상비전력과 32만 명 규모의 예비군을 유지하였으며, 소련군 385,000명이 주둔하였다. 국경수비대는 47,000명으로 준 군사부대를 편성하여 국경수비대 임무를 전담하였다. 전체적으로 서독은 동독에 비해 3.5배 많은 병력을 유지하였다.

양독 간의 군사통합 합의에 의해 1국가 1군대 방침과 구 동독지역에서 독일 연방군을 완전히 새롭게 창립하는 목표에 따라 동독 인민군 체제는 완전히 해체되고, 독일 전체 병력은 줄이는 것으로 하였다.

〈표 2-4〉 통독 전 군사력 현황

구 분	서독 연방군 (총병력 : 495,000명)			동독 인민군 (총병력 : 173,100명)		
	육군	해군	공군	육군	해군	공군
병력(명)	345,000	39,000	111,000	120,000	16,000	37,100
예비군(명)	750,000			323,500		
외국군(명)	401,700			385,000		
국경수비대(명)	20,000			47,000		

출처 : 박찬주, 「남북한 군 통합방안연구」, (충남대학교 석사학위 논문, 2011), p.9

이를 바탕으로 1990년 10월 2일 동독 인민군이 해체됨으로써 편입기준[27]에 의거 모든 장성 및 제독 그리고 55세 이상의 장교와 정치 관련 종사자 전원은 퇴역조치되었고, 7천 명의 직업군인들이 자진 군을 떠났다. 또한 약 10만 3천 명의 동독 군인에게 전역을 명함으로써 동·서독의 통합 당시 현역은 장기 복무자 5만 명(장교 2만 4천 명, 장기 하사관 1만 4천 명, 일반하사관 9천 명, 병사 3천 명)과 대기발령자 1천 명, 의무복무병 3만 9천 명은 연방군에서 인수하였다. 국방성은 인수한 병력 89,000명 중에서 연방군에 계속 근무를 희망하는 60,000여 명을 대상으로 3개 그룹으로 분류하여 선발 심사를 실시하였다.

⟨표 2-5⟩ 인원선발기준

구분	기준	인원	조치
A	개편후에도 활용 가능한 직위	773개 직위 27,200명	우선 인수
B	불필요 직위	516개 27,600명	선별 인수
C	정치장교, 심리전 요원 등	58개 직위 5,200명	즉각 직위 해제 전역조치

출처 : 하정열, 「한반도 통일 후 군사통합 방안」(서울: 팔복원, 2006), p.163

인수 시에 5만 명의 현역군인들은 시험적으로 2년간 근무가 허용되었으며 그 이후 지속적인 복무가능 여부가 최종적으로 결정되었다. 시험근무 및 지속적인 복무를 결정 시에 독일 연방군과 동독 인민군 사이의 직제 규정차이로 인해 계급이 낮춰지는 경우가 빈번히 발생하였다. 통상적으로 동독 인민군 내에서의 승진 연령이 독일 연방군

---

27) 정재호, 「독일 군사통합의 시사점」, 『군사평론』 제323호, (대전: 육군대학, 1996), p.68. 재인용. 연방 국방부는 2년간의 관찰 후 신군 편성에 따른 소요와 지원 인원의 능력, 적성 그리고 잠재력을 기준으로 편입여부를 결정하였으며 연방군의 편입을 위한 기본 자격요건은 ① 동독국민탄압에 직접 관련이 없는 자, 동독 국가보위부(Stasi) 미관련자 ② 자유민주주의체제 적응가능자 ③ 대령 이하 55세 미만자 중 발전 가능성 및 능력 있는 자이며, 편입자격 제외대상은 ① 장성급 장교(300명) : 1991년 초까지 전원 전역 ② 정치 장교 및 심리전 요원 : 통일 직후 전원 전역 ③ 국경 수비대 간부 요원 : 1991년 6월까지 전역 ④ 헌법기관 근무자(군 검찰, 군 판사) ⑤ 1991년 6월 정년 해당자

의 승진보다 짧았던 관계로 구동독 인민군 소속이었던 군인이 독일 연방군 지속 근무가 확정되는 경우에는 일반적으로 계급이 낮아지게 되었다.

<표 2-6> 계급조정실태

동독군 계급	조정 계급
-21년 이상의 대령 -21년 미만의 대령 -18년 미만의 중령, 대령 -15년 미만의 소령, 중령 -5년 6개월 미만의 대위 -2년 6개월 미만의 중위, 소위	대령 중령 소령 대위 중위 소위
※ 기술장교 : 2~3단계 하양조정	

출처 : 하정열, 『한반도 통일 후 군사통합 방안』(서울: 팔복원, 2006), p.166

1992년 최종적으로 지속 복무가능 인원 선발 시 39,000명의 의무복무병은 독일 연방군으로 이관 조치 이후에 대부분 전역이 되었다. 이들의 경우 동독 인민군에서의 복무기간이 산정되었고 동독 인민군 50,000명의 직업군인(이 중 장교 32,000명)이 시험기간을 거쳐 그 중 1만 1천 명에 대해 지속근무가 결정되었으며, 옛 동독 인민군 장교연합은 완전히 해체되었다. 1994년을 기준으로 볼 때 37만 명의 유지 병력 중 20%인 6만여 명이 동독군 출신으로 결국 통일과 함께 서독군도 21만 명이 퇴역하였고, 독일 연방군으로 계속 근무하는 동독 출신 장교는 당초의 1/6인 5,000명 선이었다.[28]

---

28) 제정관 외, 전게서, p.48

(다) 부대편성

부대 인수 및 해체 간 서독 연방군은 동독 인민군 예하의 1,460개의 대대급 이상의 부대를 인수받아 부대 성격에 따라 통합 이전 해체부대, 통합 직후 해체부대, 기타 해체부대, 계속 존속부대와 추가 창설부대 등 5개 범주로 나누어 인수 작업을 추진하여 구동독의 국방성, 고급사령부를 비롯한 각 군 사관학교를 해체하였다.[29]

〈표 2-7〉 통독 전 부대 편성현황

구분	서독 연방군			동독 인민군		
	육군	해군	공군	육군	해군	공군
편성	·3개 군단 ·12개 사단 ·3개 지역사 ·6개 관구	·6개 전단 ·2개 지원사 ·항공대	·4개 사단 ·2개 항공사단 ·2개 방공사단	·2개 군사 ·6개 군사 ·2개 지역사	·3개 전단 ·1개 통신 지원사 ·항공대	·2개 비행사단 ·1개 방공사

출처 : 박찬주, 「남북한 군 통합방안 연구」, (충남대학교 석사학위 논문, 2011), p.11

아울러 동독 인민군으로부터 인수된 육군 2개 군사지역을 2개 방어지역 사령부로, 6개 사단을 6개 여단으로, 해군 3개 전단은 3개 전대로, 공군 2개 사단을 1개 비행단으로 개편하였으며, 각 여단은 2개의 기갑대대, 2개 기계화 보병대대 및 지원포병, 공병, 병참부대로 편성하였다.[30] 상기 임무를 수행하기 위해 독일 연방군 2,000명(육군 1,400명, 해군 100명, 공군 500명)을 지휘관팀, 지원팀, 교관팀으로 구성, 파견하여 임무를 수행함으로써 효율적인 부대 간의 인수 및 통합을 추진하였다.

---

29) 하정열, 『한반도 통일 후 군사통합 방안』, (서울: 팔복원, 2006), p.156
30) 제정관 외, 전게서, p.48

〈표 2-8〉 인수팀의 보직

구분	육군	해군	공군
편성	·지휘관팀 : 156(사단, 여단, 대대) ·지원팀 : 123 ·교관팀 : 175 (학교기관)	·지휘관팀 : 38 ·지원팀 : 30 ·교관팀 : 50	·지휘관팀: 3 ·지원팀 : 9
규모	1,400명	500명	100명

출처 : 하정열, 『한반도 통일 후 군사통합 방안』(서울: 팔복원, 2006), p.153

(라) 장비 및 물자 처리

통일 전 동·서독군의 장비현황에 대해 알아보면 서독은 전차 4,227
대, 야포 2,488문, 잠수함 24척, 구축함 7척과 공군전투기 486대를 유
지하였고 동독은 전차 3,150대, 야포 2,500문, 전투함 19척, 전투기
275대를 주요장비로 보유하였다.

〈표 2-9〉 동·서독 주요 장비 현황

구분	육군	해군	공군
서독 연방군	·전 차 : 4,227대 ·장갑차 : 6,201대 ·야 포 : 2,488대 ·대전차포 : 3,363대 ·헬기 : 697대	·잠수함 : 24척 ·구축함 : 7척 ·소해정 : 57정 ·고속정 : 38정 ·전투기 : 123대	·전투기 : 486대 ·정찰기 : 60대 ·헬기 : 96대 ·수송기 : 162대
동독 인민군	·전차 : 3,150대 ·장갑차 : 6,400대 ·야포 : 2,500문 ·미사일 : 3,600기 ·총기류 : 170만 정	·전투함 : 19척 ·경비정 : 38척 ·기뢰정 : 42척 ·지원함 : 15척 ·헬기 : 12대	·전투기 : 275대 ·헬기 : 140대 ·수송기 : 32대 ·미사일 : 205기

출처 : 박찬주, 「남북한 군 통합방안연구」, (충남대학교 석사학위 논문, 2011), p.13

통합추진 간 서독 국방성은 장비, 물자현황 등을 파악하기 위해
1990년 8월 20일 선발대를 구동독지역에 파견, 군의 군별 장비 인수
기초 작업을 실시하였으며, 통일 후 약 1년이 지난 1991년 12월에 장

비 및 물자 현황이 정확히 파악되었다. 이들의 분류는 약 3개월이 지난 1992년 3월까지 완료하였는데 장비 및 물자의 현황파악과 분류에 얼마나 많은 인력과 시간이 소요되는가를 알 수 있다.[31]

〈표 2-10〉 구 동독군 인수장비, 물자 현황

구분	세 부 내 용
전투장비	·전차 2,337대, 장갑차 5,980대 ·화포 2,245문, 헬기 51대, 대공로켓 2,000문, 대전차로켓 450문
소화기	·권총 270,000정, 개인화기·기관총 745,000정, 전차기관총 260,000정
항공기	·전투기 386대, 연습기 50대, 수송기 50대
함정	·로켓트함 18척, 항만수비함 19척, 기뢰제거함 20척, 상륙함 12척, 원양지원함 7척, 예인선 22척
차량	·차량 80,000대, 트레일러 30,000대
기타장비	·통신장비 45,000점, 기타장비 275,000점 ·공병장비 4,200점

출처 : 하정열, 「한반도 통일 후 군사통합 방안」(서울: 팔복원, 2006), p.175

장비/물자 유지 여부의 결정은 장비의 필요성, 군수지원, 경제적 측면의 효용성, 후속 정비 및 보급에 따른 소련으로부터의 독립성을 고려해 계속 활용, 일시 활용 및 잠정 보유, 폐기 등 세 범주로 분류하였으며 1990년 SCE(Conference on Security and Cooperation in Europe : 유럽안보협조위원회)에서 합의된 CFE(Conven- tional Force in Europe : 유럽재래식 군비협정)를 기준으로 동서독이 합친 보유 장비에서 전차의 42%, 야포 42%, 전투기 14%를 감축하였다.[32]

감축장비가 많음에 따라 장비의 중요성과 소요를 고려하여 ① 연방군 및 국경수비대에서 계속 사용 ②NATO 회원국에 판매 또는 지원

---

31) 정재호, 전게서, p.76
32) 제정관 외, 전게서, pp.48~49

③기타 국가에 판매 ④제3세계 우방국에 지원 ⑤인도적 차원에서 지원 ⑥무료제공 순위로 결정하여 처리하였다.[33]

〈표 2-11〉 CFE 협약에 따른 독일군의 감축 규모

구분	보유	상한선	감축
전차	7,133	4,166	2,967(42%)
장갑차	9,598	3,466	6,152(64%)
포	4,644	2,715	1,939(42%)
전투용 헬기	357	306	51(14%)
전투기	1,064	900	164(16%)

출처 : 하정열, 『한반도 통일 후 군사통합 방안』(서울: 팔복원, 2006), p.176

탄약은 20~30만 톤가량으로 12만 4천 톤은 소련에 반납하였으며, 나머지는 폐기 및 판매되었고, 그 외의 2,280건의 병영, 군용막사, 저장고, 비행장 등 각종 군용 부동산도 인수했는데 3/4은 연방군이 불필요함에 따라 가처분 후 국가 정부기관에 의해 민간사용 목적의 일반기준 재산으로 전환하였다.[34]

〈표 2-12〉 탄약, 폭발물 현황 및 독일연방군 인수시설 현황

구분	세부내용
탄약, 폭발물	·박격포탄 62,000톤 ·전차탄약 70,000톤 ·소화기탄 16,000톤 ·지뢰 5,700톤 ·로켓탄 22,000톤 ·신호탄 88,000톤 ·대공포탄 130톤
군사기지	·900여 개의 주둔지 ·2,000개소의 소유지
병영시설	·760개
훈련장	·대규모 훈련장 : 9개 ·소규모 훈련장 : 19개
부지	·20만 헥타

출처 : 박찬주, 「남북한 군 통합방안연구」, (충남대학교 석사학위 논문, 2011), p.16

---

33) 하정열, 전게서, p.177
34) 제정관 외, 전게서, p.49

(마) 동·서독군의 통합을 위한 군사교육

독일 연방군 군사교육의 핵심은 통합을 위한 동질성 회복에 중점을 두고 부대의 정통성 확립, 지휘체계유지 및 화합 단결된 임무수행 능력이었으며, 동독 인민군은 독일 연방군에 인수된 것이 아니라 동독 인민군의 구성원들이 개인 자격으로 독일 연방군에 인수됨에 따라 동독 인민군의 관련된 규정, 전통, 체제 등은 완전히 해체되었다. 이에 동독 인민군은 서독 연방군으로 체질을 바꾸기 위해 동독군 장교들에 대한 재교육을 실시하여 통일 이전 1,000명 이상의 동독 장교가 3주간 재교육을 받았고 부대 통합 직후 서독 연방군 파견장교 2,000명에 의해 사단 및 연대급 단위 부대에서 정규과정을 설치하여 교육을 하였다.

교육내용은 민주주의 가치, 국가기구 및 기능, 군의 임무와 역할, 지휘통솔과 군법, 교육훈련, 예규 등을 포함하였다. 특히, 43년간의 분단과 단절에 따르는 언어의 이질성 극복을 위해 독일사전 출판, 군 사용어 통일 등 양쪽 군이 공유하고 있던 공통의 군사적 전통을 알리기 위해 노력하였다.

(3) 독일군 통합과정의 교훈과 후유증

독일군 통합과정의 성공적인 요인은 ① 동독주민들의 자유로운 의사 결정을 통해 평화적으로 이루어짐으로써 법률적, 도덕적 정당성을 갖추었고, ② 동독군의 운용은 소련 주둔군이 주도하였기 때문에 동독군으로서는 소련과 서독 쌍방 간의 합의 내용을 따를 수밖에 없었으며, ③ 동독 고급장교들은 자신들의 입장에서는 통일 독일에서 군 업무를 수행하기 어렵다는 것을 잘 알고 있었다. ④ 통일 독일 정부가 퇴역군인들을 위한 사회 전환 적응 교육과 취업알선을 위해 약속했고, ⑤ 동독 장교들에게 퇴역식을 갖도록 해주고, 이에 따른 보상 등 명예로운 은퇴 기회를 마련함으로써 반감이나 저항감이 싹트지 않도록 배려하였다. ⑥ 전역 후 연금혜택으로 비교적 안락한 생활을 누릴 수 있다는 기대가 있었다.[35] 이러한 성공적 요인과 아울러 실제 통합과정에서는 많은 문제점도 나타났다. 이러한 문제들은 독일군 통합 후 오랫동안 후유증으로 나타나 이를 치유하는 데 많은 비용과 노력을 감내해야만 했다.

(가) 사전 치밀한 준비 및 계획수립 미흡

서독 연방군은 통일 및 시기를 사전에 충분히 예측하지 못하여 군사통합에 대한 준비를 소홀히 하였다. 통일이 임박했음에도 불구하고 통일 관련 군 내부에 공감대를 형성하지 못하였고, 1989년 베를린 지역 붕괴 이후에도 독일 통일방안이 실질적으로 논의될 때, 군 관련 수뇌부는 군사통합에 관하여 독일 정치가들을 설득할 수 없었으며 언론을 선도하는 데 실패하였다. 또한 선발대 편성, 부대 및 병력인수, 동부지역사령부의 편성 등 이견이 노출되고 임무수행 과정에서도 조정 통제하는 부서가 편성되지 않아 임무수행에 혼란이 초래되었다.[36]

이를 볼 때 남북통일 시 수적으로 우세한 북한군을 효율적으로 흡수통합하기 위해서는 독일 연방군보다 사전 치밀한 계획과 준비가 요구되며 효율적인 지휘체계의 편성과 통일군에 대한 전문연구조직의 편성 및 전문 인력의 양성이 사전에 필요할 것으로 본다.

---

35) 염돈재, 『올바른 통일준비를 위한 독일 통일의 과정과 교훈』, (서울: 평화문제연구소, 2010), pp.285~286

36) 하정열, 전게서, pp.265~266

(나) 구 서독군의 동독지역 근무기피

동독군의 가장 큰 한계점은 무엇보다도 장병에 대한 복지문제로 실제 군사통합 후 양군을 다 경험하게 된 동독 출신자들의 느낌에 의해 잘 나타났는데 동독군의 열악한 의무시설 및 환자 진료, 임무와 주어진 일을 신명나게 할 수 있는 환경과 여건 미흡, 나아가 더 중요한 문제는 복무 중 인간으로서 대접을 충분히 받을 수 없었던 것이 가장 큰 문제였다.[37] 동부 동독지역의 부대별 복지시설 등이 전반적으로 현대화되고 있었으나 근무지 주변의 학교, 관사부족 등의 문제가 겹쳐 많은 구서독 출신들이 동독 지역에서 근무를 기피하였다.

(다) 동독 인민군 장기복무자 처리, 편입 후 대우 및 전역자 관리

동서독 간의 경제적 불균형을 감안하여 동독군 출신은 서독군의 2/3씩 감봉하여 봉급지급을 실시하는 등 전반적으로 인민군 장교들의 급료, 의료혜택, 전·퇴역금 등은 서독군 출신 장교 75% 수준으로 동독군 출신 장교들의 불만이 계속 표출되고 1~2계급 강등에 따른 후유증이 나타났다.[38] 전역자는 본인이 희망에 따라 6개월간의 직업교육을 실시하였으나 퇴직 후 특히 45~55세의 동독 출신 군인들은 새로운 직업을 찾기 어려웠으며, 2년 이상 연방군에서 복무할 수 있었던 구 동독 출신들에게 각종 직업교육을 실시했지만 1993년 초까지 12,000명 이상 정도만 새로운 직장을 구할 수 있을 정도의 장래 생활 보장 대책은 미흡하였다.

---

37) 배안서, 「독일 통일 전의 동독군에 대한 연구」, 『독일어 문학』 제37집, 한국독일어문학회, (2007), p.244

38) 제정관 외, 전게서, p.50

(라) 장비 및 물자 처리 문제

장비와 탄약은 군사통합 이후 많은 어려움이 있었음에도 불구하고 1995년 12월 처리작업을 완료하였다. 하지만 군사통합 직후 탄약고 등 군 시설상에 경계 소요를 위한 병력운용의 부족으로 간부까지 경계병 임무를 수행하게 되었으며, 통일 후에 6개월 동안 탄약고 침입 45건과 병기·탄약 분실 54건 등의 사고가 발생하였다.

장비와 물자의 처리를 위한 창고, 인력, 수송수단의 부족으로 부대 해체작업이 지연되기도 하였다.[39) 또한 장비 파기 시 구체적인 계획 미흡으로 계획보다 추가적인 장비와 인력을 투입시키는 결과가 초래되었다. 동독군으로부터 인수한 일부 건물과 부동산, 난방시설, 노후한 탱크 시설 그리고 하수처리 시설 등은 환경을 오염시키는 요인이었고, 인수한 무기체계 중에는 독성의 액체 로켓 연료와 위험물질을 함유하고 있는 것도 있었다.[40)

(마) 동화교육 효과 미흡

교육훈련은 단기간 준비한 노력에 비해 성과가 높았으나 전혀 준비가 되지 않은 상태에서 군사통합이 이루어졌다. 따라서 교육훈련분야에서 국방성은 동독지역에 배치될 연방군 핵심장교 240명에게 2일 동안 집체교육을 실시하여 동독군 편제와 동독지역 근무지 주의 사항 등을 중점적으로 교육하였다. 교육 인원과 교육내용, 교육시간 등 모든 분야에서 불충분하여 큰 도움은 되지 못하였다.

---

39) 정재호, 전게서, p.78
40) 정재호, 전게서, p.81

나. 예멘의 군사통합

(1) 분단과 통일

(가) 분단 과정

사우디아라비아 반도 남쪽에 위치한 예멘은 지정학적으로 유럽~아시아~아프리카를 연결하고 있는 중요한 위치에 있다. 역사적으로 장기간 식민 지배를 받던 예멘은 남북으로 분단된 상태로 각각 독립을 하게 되었는데, 북예멘은 이슬람교를 중심으로 하는 자본주의 체제가 남예멘에는 마르크스·레닌주의를 신봉하는 사회주의 체제가 들어서게 되었다.

예멘은 1517년 오스만 터키에 의해 점령, 지배를 받게 되면서부터 그 연원을 찾을 수 있는데, 제1차 세계대전으로 인해 오스만 터키가 붕괴되어 북예멘이 먼저 독립하게 되었다. 1918년 북예멘은 「예멘아랍공화국(Yemen Arab Republic)」을 수립하였으며, 대외적으로 비동맹중립국을 추구하고 대내적으로는 이슬람교의 원리를 신봉하는 입헌공화제국가였다.[41]

한편 남예멘은 2차 대전 이후에도 계속적으로 영국의 식민지로 있다가 먼저 독립을 하게 된 북예멘의 군사적인 압력과 남부 예멘에서의 끈질긴 반 영국 테러와 폭동, 그리고 1963년의 UN총회결의를 바탕으로 1967년 친소사회주의 「남예멘인민공화국(People's Democratic Republic of Yemen)」 정부를 수립했다. 남예멘에서의 정권수립은 강온파의 치열한 경쟁을 통해 온건파인 아사아비 서기장이 대통령에 취임했다. 1970년 남예멘은 마르크스·레닌주의의 이념을 기본으로 새 헌법을

---

41) 통치권을 행사함에 있어 입법, 행정, 사법의 3권을 분리하여 일반국민을 통치하며, 헌법에 의해 주권이 국민합의체의 기관에서 나오는 정치제도를 갖는 국가를 말한다. 브리태니커 백과사전 내용을 재정의.

제정하여 공포하였다.

남북예멘은 동시에 남북으로 분단된 분단국가가 아니었으며 1917
년 북예멘의 독립과 1967년 남예멘의 독립으로 무려 50년의 시차를
두고 분리 독립되었기 때문에 '분열국가'로 구분되고 있다.[42]

(나) 통일과정

예멘의 합의에 의한 통일은 아랍권 국가의 중재와 소련 고르바쵸프
의 개방·개혁 정책이 큰 도움이 되었지만, 결정적으로는 남북예멘 지
도자들 간에 권력배분에 대한 합의를 할 수 있었기 때문이었다. 합의
된 권력배분은 남북 간 대등한 배분으로 북예멘은 대통령을 맡고 남
예멘은 부통령과 일부 장관직을 각각 나눠 맡는 것이었다. 그러나 남
북예멘의 지도자들은 권력 배분에만 관심을 가졌을 뿐, 통일 후 사회
통합정책에는 거의 신경을 쓰지 않았다. 결과적으로는 정부기구는 과
도하게 확대되었고 비효율적일 수밖에 없었다.

좀 더 구체적으로 보면, 남북예멘은 분단이 고착되는 상황에서 모
두 통일을 헌법의 기본이념으로 명시하였는데 통일에 대한 남북예멘
각자의 기본 입장은 달랐다. 남북예멘은 무력으로 통일을 달성할 만
큼의 군사력을 갖지 못하였으며, 국가의 격차가 크지 않고 사회·경제
적 동질성이 어느 정도 유지되고 있어서 예멘지도자들의 결단에 따라
통일을 비교적 쉽게 달성할 수 있는 여건에 있었다. 그러나 남북예멘은
평화공존 기간 중에도 남북 상호 간 불신을 제거하지 못하여 통일협
상은 장기간 공전을 거듭하였다. 예멘의 통일과정은 기간별로 3단계로
진행이 되었다.[43]

---

42) 국제안보연구소, 『신학국시대의 통일안보』, (서울 : 국제안보연구소, 1994), p.304
43) 김국신, 『예멘통합 사례연구』, (서울 : 민족통일연구원, 1993), pp.67~85

1) 제1단계 협상과정(1972~1978)

북예멘은 공화파와 왕정파가 연립정부를 수립한 후 남예멘의 사회
주의 정권을 전복시키기 위해 남예멘 출신들을 중심으로 한 무장 세
력을 지원하였다. 이들이 국경지역에서 남예멘군과 산발적으로 무력
충돌을 하는 중에 남북예멘 상호 간에 적대감이 고조되어 1972년 9월
대규모 국경충돌이 발생하였다. 그러나 남북예멘 어느 쪽도 일방적으
로 무력통일을 이룩할 능력이 부족하였다. 이로 인해서 국경선 지역
에서 양국 주민 간의 교류가 이루어졌으며 어려운 경제상황 속에서
국경지역에서 유전이 발견됨으로써 남북예멘 상호 간에 경제통합의
필요성이 대두되었다.

남북예멘은 분단과정에서 민족 간 무력충돌이 발생하였는데, 이때
마다 예멘지역 주변국들은 자기 국가로의 전쟁확대를 우려하여 남북
예멘의 정상회담을 적극 주선하는 현상이 반복되었고, 이것이 오히려
남북예멘 통일의 계기가 되었다. 결국 1972년 국경분쟁에서 남북예멘
은 트리폴리 선언[44]에 합의하였다.

2) 제2단계 협상과정(1979~1985)

남예멘군은 북예멘 지역에서 활동 중인 민족민주전선의 게릴라 활
동을 지원하기 위해 북예멘 남부지역을 침공하였다. 결국 아랍연맹이
주선하여 1979년 3월 28~30일간에 휴전협정을 체결하고 쿠웨이트 협

---

[44] 트리폴리 선언은 카다피의 중재에 의하여 남북예멘 정상들이 합의한 통일정책으
로 중요 합의 내용은 1) 국호는 예멘공화국으로 한다. 2) 국기는 3색(적, 백, 흑)
으로 한다. 3) 수도는 북예멘의 사나로 한다. 4) 종교는 이슬람교를 국교로 하며,
이슬람 샤이라법 정신을 준수한다. 5) 국어는 아랍어를 사용한다. 6) 국가이념은
공화주의, 민족주의, 민주주의로 한다. 7) 정치체계는 단일 대통령제, 통합된 의
회와 행정부 및 사법부로 구성한다 등이다. 임상진, 「통일과정에서 남북한 군사
통합 방안에 관한 연구」, (동국대 석사학위 논문, 2002년), p.48

정[45]이라는 정치협상을 거쳐 통일논의가 시작되는데, 이것은 1980년대 들어와 통일협상을 하면서 더욱 세분화되고 구체화되었다.

그 이후 1981년 12월 2일 「아덴회담」에서 양국 정상은 남북예멘 협력과 조정에 대한 협정을 체결하고 협력을 강화하게 된다.

3) 제3단계 협상과정(1986~1990)

1988년까지 남북예멘 간 협상의 초점은 통일 그 자체보다는 망명자들의 귀환과 권리를 보장하는 것이었는데, 망명자들에 대한 문제를 해결하지 못하고 남북예멘 간 대화가 지속되는 가운데 석유가 발견되었다. 석유는 북예멘 지역에 10억 배럴이, 남예멘 지역에 35억 배럴이, 남북예멘 국경지역에 50억 배럴이 있는 것으로 추산되었는데 남북예멘은 이를 개발하기 위하여 상호 협력해야 한다는 것을 확신하게 되었다.

1989년에 소련이 남예멘에 대한 경제 원조를 중단하자, 남예멘의 경제사정은 급격하게 악화되었다. 이에 남예멘은 사회주의 체제의 실패를 인정하면서 비판을 받아들일 준비가 되어 있음을 밝히고 어느 정도의 사회적 무질서 현상을 감수하고 언론 및 출판, 집회, 결사의 자유를 허용함으로써 장차 체제변화에 대한 충격을 완화시키기로 하였다. 또한 이 시기에 구소련이 붕괴됨에 따라 사우디아라비아는 정치적인 면에서 예멘통일을 두려워하지 않게 되었다. 남예멘에서 소련

---

45) 남북예멘의 「쿠웨이트 협정」에서 합의한 사항은 1) 통일헌법 준비위원회 구성과 4개월 이내에 통일헌법 초안을 준비한다. 2) 통일헌법 초안을 승인하기 위해 양국 정상회담을 개최한다. 3) 통일헌법 초안을 6개월 이내에 국민투표에 부친다. 4) 통일행정을 담당할 통일각료 위원회를 구성한다. 5) 카이로 협정과 트리폴리 선언, 아랍연맹 결의안의 정신을 준수한다. 6) 양국 정상은 사나와 아덴에서 매월 정기적인 통일 감독회의를 소집한다 등이다.

이 물러나자, 사우디아라비아는 1988년 남예멘과 정치와 기술, 무역 및 문화협력협정을 체결하여 관계를 개선하고, 남예멘이 미국을 포함한 서방측과의 관계개선에 적극적으로 나섬에 따라 사우디아라비아는 남북예멘의 통일을 지지한다는 입장을 천명하게 된다.[46]

국내외 환경이 통일에 유리한 상황으로 진전되면서 북예멘의 살레 대통령은 1989년 11월 아덴을 방문하여 정상회담을 열었다. 「아덴 정상회담」의 합의에 따라 남북예멘은 1990년 1월과 3월에 두 차례에 걸쳐 공동 위원회를 개최하였다. 그리고 1990년 4월에는 사나 정상회담을 거쳐 통일을 선포하게 된다. 이때 통일예멘의 권력 배분은 쌍방의 기존체제유지를 근간으로 한 1:1 대등통합이었는데, 좀 더 구체적으로 살펴보면 다음과 같다.

첫째, 국가 최고기관인 대통령평의회는 북예멘 3명과 남예멘 2명으로 구성하며, 대통령평의회장은 북예멘에서, 총리와 부통령은 남예멘에서 맡는다.

둘째, 의회의 구성은 북예멘 159명, 남예멘 111명으로 하며, 기타 민족대표 31명 등 총 301명으로 구성한다.

셋째, 내각인 국무원은 북예멘 20명과 남예멘 19명, 총 39명으로 편성한다.

넷째, 통일 이전 북예멘 자본주의 체제의 자유시장 경제정책과 남예멘 사회주의 체제의 중앙통제 경제계획을 병행하기로 하나, 사유재산 보호하에 자본주의 시장경제체제를 지향하고, 대외개방정책을 추진한다.

---

46) 김수남, 「남북예멘의 통일과정과 교훈」, 『국방연구』, 34-1호(1991), pp.62~63

다섯째, 군의 최고통수권자는 대통령으로서 북예멘에서 맡고, 국방장관은 남예멘에서, 참모총장은 북예멘 출신으로 하며, 그 예하에 남북예멘군의 양군 조직을 그대로 둔다.

(다) 통일 이후 문제점

이러한 노력의 결과 1990년 5월에 남북예멘은 전격적으로 통일을 선언하게 되었다. 1990년 베를린 장벽이 무너진 후 몇 개월 만에 이어진 이 선언은 당시 세계의 분단국 통일과 화해 분위기를 상승시키는 일련의 사건의 하나로 분단국가인 우리에게도 적지 않은 충격을 주었다. 중동의 가난한 나라 남북예멘이 특히 우리의 관심을 불러일으킨 것은 이들의 통일이 분단국가 통일의 새로운 유형과 방식을 제시한다는 점 때문이었다. 남북예멘의 통일은 베트남식의 강제적인 무력 통일이나 독일식의 평화적인 합의에 의한 통일처럼 어느 한쪽이 상대방을 일방적으로 굴복시킨 것이 아니라, 서로 간의 대화와 협상을 통하여 대등한 합의를 바탕으로 이루어진 것이기 때문이었다.

통일 당시 합의는 30개월 동안의 과도 중앙정부가 국방 및 외교부문을 관장하면서 내정 문제는 기존의 남북예멘 정부에게 그대로 위임한다는 것이다. 그리고 과도기간이 지나면 총선을 실시하여 실질적인 단일정부를 구성하는, 일종의 연방제적 통일 방안을 적용한 단계적인 접근방식을 취한 것이었다.

예멘의 통일 방식은 남북예멘 정부가 1대 1의 대등한 비중을 두고 통합한 대등통합이었기 때문에 남예멘 측이 동등한 대우를 받고 있다는 생각으로 통일에 적극적으로 협조하게 되었으나, 남북예멘의 정부 조직을 물리적으로 합병함으로써 통일정부의 조직과 편성은 규모만 확대되는 반면 일관성이 없으며, 비합리성만 초래하게 되었다.[47] 특히 남북예멘의 부대들은 각자 위치에서 계속 주둔하면서 기존 명령계통에 따라 운영됨으로써 군의 지휘체제가 실질적으로 단일화되지 못하였다. 군 통합은 실질적으로 이루어지지 못했을 뿐만 아니라, 부족세력들은 독자적으로 각자 무장집단을 유지하고 있어 통일정부군은 실질적으로 3개로 나뉘어졌다. 따라서 정치세력들 간의 갈등이 심화될수록 이들 세력 간에 무력충돌의 가능성은 높아졌고 빈번하게 일어나는 정치적 폭력 행위를 효과적으로 통제할 수도 없었다. 결국 통일예멘은 정치통합의 과정을 무리하게 진행시킴으로써 군은 물론 경찰·정보조직과 일반 행정조직 등에서도 실질적인 통합을 이루어내지 못하였다. 사실상 남북예멘이 국경선만 없애고 남북이 독자적인 국가경영을 해온 셈이었다. 한편 사회통합에서는 북예멘의 이슬람 교리를 통합 목표로 선정함으로써 이슬람 계율에서 많이 이탈되어 있던 사회주의 이념의 남예멘 주민들과의 사회문화적 통합을 이루지 못하고 통일후유증에 시달렸다.[48]

---

47) 예를 들어 통일예멘의 국가조직은 대통령평의회, 의회, 국무원, 사법부 등으로 구성되었는데, 국가 최고통치기관인 대통령평의회는 통일의회에서 선출되는 임기 5년의 대통령과 부통령, 그리고 3인의 위원으로 구성되었다. 대통령평의회 의장인 대통령직은 전 북예멘의 대통령이었던 살레가 맡았고, 부의장인 부통령직은 전 예멘사회당 서기장이었던 알비드가 임명되었다. 또한 3인의 위원은 전 북예멘 국회의장이었던 알아라시와 전 남예멘사회당 부서기장 모하메드, 그리고 전 북예멘 총리였던 가니가 각각 임명되었다. 따라서 대통령평의회는 북예멘 출신 인사 3인과 남예멘 출신 인사 2인으로 구성되었으며, 대통령평의회의 자문을 하는 자문회의는 북예멘 출신 24명, 남예멘 출신 21명 등 총 45명으로 구성하였다. 이처럼 통일예멘은 권력배분에서 남북출신의 지역적 대등성에 기초한 안배를 강력하게 추진하였다. 이처럼 대등통합 방식을 택하게 된 것은 무엇보다도 통일에 따른 남예멘 측의 부당한 대우와 소외를 받고 있지 않다는 인식을 심어 주기 위한 것으로 궁극적으로는 이들을 통일에 적극적으로 협조시키기 위한 것이었다. 임상진, 전게서, p.50

48) 예를 들어 남예멘 지역의 주민들은 북예멘보다 상대적으로 지식수준이 높은 편이

결과적으로 평화적합의에 의한 대등적 통일의 한 모델로 제시되었던 통일예멘은 1994년 5월 21일 남예멘이 다시 분리 독립을 선언함으로써 통일 후 4년 만에 또다시 내전으로 확대되었는데, 이는 북예멘이 남예멘을 무력으로 함락시킴으로써 종전과 통일에 이르게 되었다.

(라) 무력에 의한 재통일

남북예멘이 정치적으로 1 : 1 대등통합을 이루었지만, 결국 1993년 실시된 총선에서 1 : 1 균형이 깨지게 된다. 이는 남북예멘 간의 인구 및 경제적 격차 때문이었다. 비록 면적은 남예멘(33.7만km²)이 북예멘(19.4만km²)보다 1.7배 정도 넓었지만, 인구는 북예멘(950만 명)이 남예멘(248만 명)의 3.8배로 많았기 때문에 총선결과 남예멘은 총의석의 1/5밖에 차지하지 못하게 되었다.

통일 이후 정치적인 불안과 경제적인 위기로 통일정부에 대한 믿음과 신뢰를 잃은 남예멘 주민들은 사우디아라비아 및 오만과 국경인 하드라마우트 지역에서 대규모 유전이 발견되자, 석유에 대한 수입권을 가지고 정치적인 불화가 발생하였다. 사우디아라비아가 예멘의 분열을 조장하고 있다고 의심하던 북예멘 지도층에서는 알비드가 사우디아라비아의 파드국왕과 회담을 열자, 알비드가 재 분단을 준비하게될 경우 어떠한 결과를 초래하게 될 것인가를 경고하기 위하여 북예멘 군대에게 남예멘 군에 대한 공격을 명령하였다. 이에 화해협정을 서명한 직후 남북예멘 군대는 탱크까지 동원한 대규모 무력충돌을 벌

며 여성의 사회적 지위가 향상되어 있었다. 이러한 남예멘의 합리적인 문화는 통일 이후 북예멘 지역으로 확대되어 여성운동이나 노동운동을 주도하게 되었다. 북예멘 여성들은 가족과 사회에서 여성의 권익 보장을 원하는 한편 북예멘 지역의 근로자들은 남예멘 지역 근로자들과 합세하여 노동조합을 결성해 부의 합리적 분배를 요구하였다. 임상진, 전게서, p.51

이게 되었다.[49]

그러나 남북예멘의 지도자들은 정치권력의 배분에만 혈안이 되어, 통일 이후 주민들의 일상생활에 관한 각종 사회문제에 대하여 어떻게 처리해 나갈 것인지는 별로 관심이 없었다. 정치권력의 대등한 배분은 자연히 정부 규모의 확대와 더불어 관료나 군인들의 명령체계와 책임의 소재가 불분명해지면서 행정체계의 효율성이 떨어졌다. 그러나 정치 지도자들은 이러한 문제들의 심각성을 인식하지 못하고 해결하기 위한 노력도 하지 않았다. 무엇보다 심각한 문제점은 통일 과정에서 남북예멘의 군을 통합하고자 하는 노력이 전혀 없었다는 것이다. 남북예멘 양군을 통합하지 않았다는 사실은 예멘의 대등한 합의 통일은 최초부터 불완전한 요인을 안고 있었던 셈이다.

또한 사회통합의 기조로 설정한 이슬람 교리에 대하여도 남북예멘 주민 사이의 갈등이 심화되었다. 북예멘의 보수주의자들은 이슬람 교리를 '모든 법의 유일한 근원'으로 삼을 것을 주장한 반면 남예멘의 주민들은 이슬람 율법의 불합리성을 주장하였다. 이 같은 입장 차이는 일부다처제와 여성의 사회활동, 음주 허용 문제 등을 둘러싸고 사사건건 대립하는 현상으로 나타났다.

통일 예멘의 수도 사나는 통일 정부조직의 팽창과 걸프전 이후 귀환한 해외근로자로 인하여 인구가 폭증하면서 사무실과 주택·복지시설은 물론이고, 식수 및 전력 공급·난방 등의 문제로 주민들은 일상생활에서 큰 불편을 겪게 되었다. 주민들 사이에는 상호불신과 갈등으로 첨예하게 대립하는 사건이 자주 일어났으며 반정부 시위와 노동

---

49) 황병덕 외, 「독일, 베트남, 예멘의 통일이 남북한 통일에 주는 시사점」, 『북한연구』 (1994), p.91

자 파업뿐만 아니라 주민 폭동까지도 빈번하게 발생하였다.

이 같은 사회혼란과 갈등은 경제사정의 악화에도 그 원인이 있었지만, 근본적으로는 남북예멘 정치인들이 세력을 과시하기 위하여 주민들의 시위를 부추겼기 때문이었다. 그러던 중에 남예멘의 지도자들은 그들의 직무를 거부하고 남예멘의 수도였던 아덴으로 복귀하는 사건이 발생하였다. 그 당시 위기를 극복하기 위해 1994년 남북예멘의 정치지도자들은 다시 만나 권력구조와 배분 문제, 갈등 요인 등의 주요 사안에 대하여 합의하는 내용의 평화협정에 서명하였다. 그 후에 남예멘의 알비드 부통령이 사우디를 경유하여 아덴으로 복귀하자 북예멘의 살레 대통령은 남예멘 부통령의 이러한 조치를 의심하게 되었다. 결국은 남북예멘 사이에 무력충돌이 벌어졌는데 이 충돌에서 북예멘이 일방적으로 승리함으로써 남북예멘은 재통일을 이루게 되었다.

예멘은 일방적으로 강제통합한 베트남과 달리 일단 1차적으로 합의에 의한 통일에는 성공했지만 다시 내전을 거쳐 재통합을 이루었다. 결국은 예멘도 베트남과 같이 내전을 통해 강제적으로 통합을 이룬 사례로 평가할 수 있을 것이다. 남북예멘이 최초 합의에 의한 통일을 달성한 이후에도 무력 충돌을 겪게 된 원인은 남북예멘의 정치지도자들이 서로 상대에 대해 뿌리 깊은 불신감을 가지고 있었으며, 이러한 갈등을 대화로 풀어나가는 데에 실패하였기에 군사적 통합을 이루어 내지 못한 원인이라 하겠다.

(2) 군사통합

남북예멘은 통일 과정에서 군 통합을 위한 노력을 소홀히 하였으며, 군을 통합하지 않았다는 것은 예멘의 합의 통일은 최초부터 불안한 요소를 안고 있었다고 볼 수 있다. 즉 군사적 통합이 이루어지지 않은 정치적 통합만으로는 완전한 통합을 이루기는 어렵다는 사실을 말해주고 있다. 남북예멘이 장기간 전쟁과 타협을 반복하게 된 요인은 분단 상황의 특수성에서 기인했다고 보는데, 군사적 특징으로는 다음과 같은 점을 들 수 있다.

첫째, 남북예멘은 군사적으로 어느 한쪽도 일방적인 군사적 승리로 강제적 통일을 달성할 능력이 없었다. 양국의 군은 각각 소련과 사우디아라비아의 지원을 받았는데 이들은 남북예멘군이 세력균형을 이루는 범위 내에서만 군사지원을 계속하였다. 그러기 때문에 남북예멘은 상대방을 압도할 만한 수준까지는 군사력을 증강시킬 수 없었다.

둘째, 남북예멘은 소규모의 병력을 유지하고 있었기 때문에 방대한 지역의 국경선을 차단하고 주민들의 활동을 통제할 수 없었다. 예멘 통일정부는 주요 도로에 검문소를 설치하고 주민들의 활동을 통제하였지만, 그 이외 지역에 대해서는 통제를 하지 못했다. 따라서 주민들은 국경산악 지대와 항구 등을 이용하여 비공식적인 왕래와 교역을 지속할 수 있었다.

셋째, 남북예멘군은 정치지도자들에게 종속된 하나의 수단으로 이용됨으로써 군 자체도 정치적인 협상의 수단으로만 활용되었다.

이와 같이 군사통합도 정치의 통합과 유사하게 대등한 조건에서 이루어졌다. 살레 대통령이 군의 최고 직위인 통합군 사령관직을 맡았는데, 국방장관은 남예멘에서 참모총장은 북예멘에서 각각 담당하고 국방부와 통합군 사령부에 있는 주요 직위들을 남북예멘 출신에게 균등하게 배분하였다.

<표 2-13> 통일 전후 남북예멘 군사력

구분		통일 전('90)		통일 후('91)
		북예멘	남예멘	
병력 (명)	육군	37,000	24,000	60,000
	해군	500	1,000	3,000
	공군	1,000	2,500	2,000
	계	38,500	27,500	65,000
부대	육군	3개 기갑여단 9개 보병여단 1개 기계화사단 5개 포병여단	1개 기갑여단 9개 보병여단 3개 기계화 사단 3개 포병여단	9개 기갑여단 19개 보병여단 5개 기계화 사단 7개 포병여단
	해군	해안경비부대 기뢰탐색부대 상륙부대	해안경비부대 유도탄정부대 상륙부대	해안경비부대 기뢰탐색부대 상륙부대
	공군	7개 항공중대 1개 방공중대	8개 항공중대 1개 방공연대	10개 항공중대 1개 방공연대
장비	육군	전차 : 175 장갑차 : 490 야포 : 427 대전차포 : 56	전차 : 480 장갑차 : 530 야포 : 416 대전차포 : 36	전차 : 1,275 장갑차 : 940 야포 : 1,042 대전차포 : 72
	해군	경비정 : 8 기뢰탐색정 : 3 상륙정 : 2	경비정 : 6 기뢰탐색정 : 6 상륙정 : 5	경비정 : 27 기뢰탐색정 : 6 상륙정 : 5
	공군	전투기 : 87 수송기 : 12 헬기 : 40	전투기 : 92 수송기 : 14 헬기 : 48	전투기 : 95 수송기 : 67 헬기 : 67

출처 : 장홍기·이량·이만종, 『남북군사통합 방안연구』, (한국국방연구원, 1994), p.45

총 병력 규모는 〈표 2-13〉에서와 같이 6만 5천여 명으로 통일 이후 양군이 거의 그대로 존속하면서 약간의 규모만 조정하여 통일전과 비슷한 수준을 유지하였다. 그러나 통일 후에는 병력을 혼합 편성하여 운용하다 보니 정비 및 수리, 기술 및 교리 등에서 많은 문제들이 나타나게 되었는데, 노후 장비는 소말리아, 에티오피아 등 인접국가에 매각 처리하였다.

과도 중앙정부는 해군을 아덴으로 집결 배치하고 일부 야전군들은 남북 상호 간에 재배치하는 등 군 통합을 위한 조치를 취하였다. 그러나 정치지도자들과 군인들이 군사통합의 세부사항에 대하여 완전한 합의를 이루지 못함으로써 대부분 부대들은 통일 이전 각자의 군복을 착용한 상태에서 현 위치에 계속 주둔하였다.[50] 남북예멘의 야전군은 합의된 내용으로는 통합된 국방부와 사령부의 지휘·감독을 받게 되어 있었으나 사실상 통일 이전의 남북예멘군의 지휘계통에 의해 움직였다. 이처럼 과도기간 중 군 통제권이 일원화되지 못한 이유는 예멘사회당이 정치적 고려 속에서 남예멘 군대에 대한 통제권을 포기하지 않고 영향력을 계속 행사하였기 때문이었다.[51]

예멘군은 수도 사나에 북부사령부를 두고, 구 남예멘 수도 아덴에 남부사령부를 설치하였으며, 이들 사령부는 각각 남북예멘의 정치 지도부로부터 별도의 지휘를 받는 등 통합되지 않은 채 분리된 조직체로 남북예멘의 정치세력 산하에 소속, 운영되고 있었다. 남북 양쪽의 정책부서의 일반 참모직은 초창기부터 대등 분배 원칙에 따라 통일정부의 국방부에 통합이 있었고, 일부 부대만 남북으로 상호 교체되었을 뿐, 대부분의 야전군은 통합하는 방침에도 불구하고 남북 양쪽

---

50) 과도기간 중 예산 사정상 단일 군복이 지급되지 못하여 통합된 부대와 재배치된 부대의 군인들도 통일 전의 군복을 각기 착용하고 있었다. 민족통일연구원, 『예멘 통일과정과 무분별 통합실태』, (1994), p.23

51) 유지호, 「예멘 통일이 한국에 주는 교훈」, 『공관장 귀국보고 시리즈 93-8』, (1993), p.28

으로 분리되었다. 이러한 점에서 예멘의 평화적인 대등 통일노력의 가장 큰 과오는 야전군 부대 통합의 문제와 실패였다고 할 수 있다.

통일 예멘의 군사통합이 지체된 이유는 크게 두 가지로 대별할 수 있는데 첫째는 통일 후 수도 사나에서 주택난과 남예멘 관리의 자녀교육, 급여수준의 평준화에 대한 재원마련 문제 등이 군 통합을 지연시킨 요인으로 지목되고 있다. 둘째는 군사부분을 제외한 국력의 전 분야에서 열세였던 남예멘 정치지도자들이 총선 후 연정참여가 제도적으로 보장될 때까지 군에 대한 통제권을 놓지 않겠다는 생각으로 인해 남북예멘은 기계적이고 형식적인 군사통합에 그치게 되었다. 따라서 합의에 의한 예멘통일이 무산된 데는 형식적인 군사통합이 결정적으로 작용을 했다고 평가할 수 있을 것이다.[52]

(3) 예멘군 통합과정의 교훈과 후유증

예멘의 1차 통일과정은 자본주의와 공산주의라는 두 상반된 체제가 타협과 대화를 통해 하나로 합쳐질 수 있다는 일말의 가능성을 보여주었으며, 상호 국력의 상태를 고려하여 통합 과도정부의 권력을 안배하는 형태를 취했다는 점에서 다른 특성을 지니고 있다. 예멘의 사례분석을 통하여 다음과 같은 몇 가지 시사점을 도출할 수 있다.

첫째, 남북예멘은 그 체제가 달라도 국경 부근 주민 간의 자연스러운 왕래로 남북 간에 이질성 및 적대감정이 그리 크지 않았다. 이러한 상황은 1차 합의통일을 이루는 데 결정적인 작용을 하였는데, 한반도에서도 남북한이 오랫동안의 분단으로 인해 이질감 해소 및 동일민족으로서의 일체감을 조성하여 상호 적대감을 해소할 수 있는 평화적

---

52) 유지호, 『예멘통일의 문제점』, (서울 : 민족통일연구원, 1994), pp.42~43

이고 점진적인 조치를 마련한다면 상호 평화적 통일을 이루어낼 가능성이 있다.

둘째, 남예멘 지도부는 정치적인 고려 속에서 남예멘 군대에 대한 통제권을 놓지 않고 통제권과 영향력을 계속 행사하고 있었다. 따라서 단일 지휘체계 형성의 실패로 결국은 내전을 치르게 되었는데, 이는 군 통합은 기계적인 권력의 안배가 아닌 실질적인 부대 통합을 이루어야 한다는 것과 형식적이면서 기계적인 대등통합보다는 양 체제 중 우수한 체제가 주도가 되는 군의 흡수통합이 보다 바람직하다는 것을 보여주고 있다.

셋째, 예산 부족으로 남북예멘군이 통일 이전 군복을 그대로 착용하였는데, 군사통합 시 통일 독일군과 같이 동일한 군복을 착용케 하여 상호 적대감이나 거부감을 해소시켜야 하며, 같은 민족으로서의 동료의식을 불러일으켜 일체감을 조성해야 할 것이다.

예멘의 1, 2차 통합의 사례는 분단국의 통일과정에서는 무엇보다도 군사통합이 실질적으로 이루어져야만 완전한 국가 통일을 달성할 수 있다는 중요한 교훈과 시사점을 제시해 주고 있다.

다. 베트남의 군사통합

(1) 분단과 통일

(가) 분단과정

역사적으로 베트남은 유럽의 식민지에 저항하는 민족해방의 투쟁을 끈질기게 전개해 왔다. 안남지역을 중심으로 통일이 된 이후 19세기 중반부터 프랑스에 의한 단계적인 식민통치[53]가 시작되었고 이후 베

---

53) 역사적으로 베트남은 통킹으로 불리는 북부지역, 중부의 안남, 그리고 남부의 메

트남은 1920년대에 지식인층을 중심으로 독립운동이 활발하게 이루어진다. 그리고 1930년대가 되면서 유학자나 개량주의적 민족주의자들이 주축이 되어 이루어지던 독립운동이 공산당(호치민 중심)으로 주도권이 넘어오게 되는데, 이때 프랑스 정부가 사회주의세력에 대하여 대대적인 탄압을 가함으로써 독립운동이 약화된다. 그러나 1940년대 들어서 베트민을 중심으로 프랑스에 대한 저항운동이 본격적으로 활발하게 진행되었다.[54] 프랑스가 독일에 항복하고, 일본이 북부 프랑스령인 인도차이나에 진출하면서 베트남에는 통치 공백이 발생한다. 이때 호치민이 1941년 5월에 베트남 독립동맹(월맹)을 결성하고 적극적인 게릴라 활동과 선전·선무 활동을 전개하며, 북부지역부터 점령하기 시작한다. 호치민은 제2차 세계대전에서 일본이 패배하는 것을 계기로 무장봉기를 통해 일본이 세운 정부를 전복시키고, 1945년 9월에 하노이에서 베트남 민주공화국의 독립을 선포하기에 이른다. 그러나 일본 패망 후 영국과 중국군이 일본군을 무장 해제시키기 위해 북위 16도선을 경계로 하여 베트남에 각각 진주하였다. 이에 베트민은

콩 델타지역을 포함하는 코친차이나 등으로 삼분되어 왔는데, 이들 지역 간에는 산업구조 및 사회구조상 차별성이 존재하고 있었다. 프랑스가 이러한 점을 적극 이용하여 베트남에 대한 단계적이고 지역 차별적인 식민지화 정책을 전개함으로써 베트남의 내적인 지역 차별성은 더욱 심화되었다. 김국신 외, 『분단극복의 경험과 한반도 통일 II』, (서울 : 한울아카데미, 1994), p.25

54) 프랑스의 식민통치에 저항하는 베트남인의 독립투쟁은 1920년대에 들어와 신교육을 받은 지식인을 중심으로 시작되었는데 1923년 '땀땀사', 1926년의 '탄비에트', 1927년 '베트남 국민당', 1930년 호치민 주도하의 '인도차이나 공산당' 등을 결성하여 반제국주의 투쟁이 조직화되었다. 2차대전 발발과 함께 프랑스가 인도차이나 식민통치를 효율적으로 수행하지 못하게 되자 호치민은 여러 대중 조직을 흡수하여 1941년 베트민(Veit Mimh:베트남독립연맹)을 결성하고 반불, 반제, 반파시스트운동의 주도세력으로 등장하였다. D.Pike, 녹두편집부, 『베트남 공산주의 운동사 연구』, (서울 : 녹두, 1985), pp.21~23

중국군을 철군시키기 위해 다시 프랑스와의 조건부 합의 아래 베트남에 재진주를 용인하게 되었고,[55] 이후 베트남 북부지역은 호치민이 주도하는 정부가 들어서고, 남부지역에는 프랑스가 「코친차이나 공화국」을 수립함으로써, 베트남과 프랑스 사이에 8년 전쟁(1946~1954)에 들어간다. 이러한 전쟁은 1954년에 미국, 영국과 프랑스, 중국과 소련이 주축이 된 제네바 협정에서 북위 17도선을 임시 경계선으로 하여 프랑스와 베트남 간의 교전행위를 종식시키는 것에 합의함으로써 분단이 성립되었다. 이후 북 베트남에는 호치민이 이끄는 공산정권이 자리 잡고, 남베트남에는 프랑스군이 철수한 이후 미군이 베트남의 지원을 맡으면서 친 미국, 반공주의자인 고딘디엠을 대통령으로 한 베트남 공화국이 수립되었다.

(나) 통일과정

미국은 분단 초기에 경제·군사적인 지원을 적극 실시하여 남베트남 지역을 안정시키고자 하였다.[56] 그러나 국민적 지지기반이 취약한 고딘디엠 정권은 독재정치를 실시하였는데, 그 결과 베트남에서는 잦은 군사쿠데타가 일어났고, 반정부세력의 저항으로 인해 정치적으로 불안하였다. 또한 도시지역에서는 미국 원조로 경제적 여유가 있었으나 농촌지역은 상대적으로 낙후되었고, 농촌경제의 침체와 도시화의 가속화로 남베트남 정부가 사회질서를 유지하는데 어려움이 있었다.

한편, 북베트남은 오랫동안 민족해방전쟁의 주체 역할을 했다는 사실을 내세워 주민들로부터 체제의 정통성을 인정받을 수 있었다. 그

---

55) 프랑스의 재진주 용인은 가까운 장래에 선거를 통해 베트민이 독립정부를 수립할 수 있도록 프랑스 정부가 지원한다는 것이었다. D. Pike, 전게서, p.58
56) 1955~1963년 8년 동안 미국이 남베트남에 지원한 경제원조는 20억 달러에 달한다.

러나 경제적으로는 그동안의 전쟁으로 전 지역에 걸쳐 산업시설이 황폐화됨에 따라 어려움에 처하게 되지만 토지개혁과 경제개발계획을 성공적으로 추진함으로써 1960년경에는 경제상태가 상당히 호전되었다. 그러나 경제적으로는 식량사정이 어렵고, 정치적으로는 반제국주의 노선을 확장하기 위해 남부지역에 대한 팽창정책을 추진하게 된다.

1960년대에는 남베트남에서 호치민의 민족해방전선을 중심으로 하여 남베트남 정부에 대한 저항운동이 조직적으로 일어나, 1963년 이후에 군사쿠데타가 반복적으로 발생되면서 정치적 불안정은 물론 군부 내에서도 파벌대립과 권력투쟁이 악화되었다.[57]

1964년에 이르러 남부지역 농촌마을의 2/3가 공산주의자들에 의해 장악된다. 이에 불안감을 가진 미국이 1964년 통킹만 사건[58]을 계기로 월남에서의 전투병력 사용과 북폭을 결정한다. 1965년 미국이 북폭을 실시함에 따라 북베트남이 개입하기 시작하면서 전쟁은 치열한 국제전으로 급속히 확산되었다.[59] 결국 1973년 파리평화협정('베트남에

---

57) 남베트남군에 소속되어있는 많은 병사들이 도망치거나 탈출한 뒤 베트콩에 합류했는데(1964년에 2,300명 탈주), 베트콩은 점령 지구를 해방구로 선포하고 농민에게 토지를 분배해 주는 한편 정부 내에도 상당한 내통자를 배치하여 공무원이나 군인 등을 포섭해 나감으로써 베트콩의 조직은 남베트남에 저항하는 각계각층의 인사들과 많은 농민들을 기반으로 광범위하게 조직화되었다. 이영희, 『베트남전쟁』, (서울 : 두레신서, 1985), pp.57~59

58) 통킹만에 정박 중이던 미 첩보선 메독스호와 터너조이호가 1964년 8월 2일과 4일 두 번에 걸쳐 북베트남 초계함에 의해 습격을 받은 사건. 이때 미국은 북베트남의 해군시설에 대해 폭격명령을 내렸다.

59) 남베트남 정부와 베트콩 간의 월남전에 미국이 참여한 의도는 북베트남에 대한 정치적, 군사적 압력을 통해 휴전을 성립시키려는 것이었는데 이는 오히려 북베트남의 강력한 반발과 함께 정규군 남파의 구실이 되어 확전을 야기하였다. 북베트남은 미군의 철수와 북폭 중지를 요구사항으로 내걸고 전쟁에 깊숙이 개입하였는데 이는 남베트남 사회 내부의 이념과 계층의 갈등으로 남베트남 정권의 불안정성과 미국의 단독 개입이 국제적인 명분을 얻을 수 없다는 사실을 북베트남

서의 전쟁종결과 평화회복에 관한 협정') 이후 미국이 베트남을 포기함으로써 군사력을 앞세운 북베트남에 의해서 1975년 4월 30일 사이공이 함락되면서 베트남 전쟁은 공산세력의 승리로 종결되었다.[60] 이후 1975년 11월 남북 베트남 대표가 「민족통일정치협상회의」를 개최하여 통일회담을 열게 되지만, 이것은 사실상 북베트남의 주도하에 실시된 형식적인 절차에 불과한 것이었다. 통일 후 구성된 국가기관도 북베트남의 노동당이 지배하였고, 남베트남 출신들은 임시 혁명정부 요원 중 극소수만 상징적으로 참여하였다.

(다) 통일과정에 대한 평가

베트남의 통일은 사회주의체제인 호치민의 무력에 의해 자본주의체제인 베트남이 공산화 흡수 통일된 사례이다. 미국이 1965년부터 1973년까지 8년 동안의 전쟁을 계속하다가 파리협정을 체결하고 베트남에서 철수하게 됨에 따라, 월맹군과 베트콩은 총공격을 하여 1975년 4월에 월남정부로부터 무조건 항복을 받아내면서 무력에 의한 통일에 이르게 되었다.

무력에 의해서 강압적으로 통일한 후 공산 베트남 정부는 신속히 월남지역에 대한 통제를 실시하여 잔여세력의 군사적 저항 없이 단기간에 베트남 지역을 안정시켰으며, 과거 호치민의 적대세력에 대한 무자비한 숙청과 함께 북베트남이 주도하여 강제적 흡수통합을 실시

이 인식한 결과였다. 김국신 외, 전게서, p.41

60) 20여 년에 걸친 베트남 전쟁으로 군인 및 민간인 3백만 명이 살상당했으며, 고엽제 등 화학무기로 2백만 명이 불구자가 된 것으로 밝혀졌다. 베트남 노동부와 복지부가 밝힌 보고서에 따르면 전사자 3백만 명 중에서 1백만 명은 북베트남 측 군인이었으며, 2백만 명은 남베트남측 군인과 민간인들이었다. 약 4백만 명에 달하는 민간인과 군인들이 아직도 부상으로 고통을 받고 있다고 밝히고 있다. 임상진, 전게서, p.61

함으로써 남베트남군의 무장해제를 조기에 종결하였다. 먼저 남베트남군을 무장 해제시키고 북베트남 정규군을 월남지역에 배치하였는데, 50,000여 명에 이르는 북베트남 노동당 간부와 군대로 월남지역에 대한 행정과 주민을 통제하였다. 이러한 조치과정에서 사회주의 베트남 혁명정부는 '과거 청산과 혁명의 완성'이라는 기치 아래 적대세력에 대한 처단과 숙청을 실시하였다. 특히 남베트남의 관리 및 군인과 같은 적대적인 인사들을 구분하여 일반주민과 격리시키고, 별도 시설에 수용하였는데, 대략 15만여 명이 격리 수용되었고 6만여 명이 처형을 당한 것으로 알려져 있다. 격리 수용된 인사들도 대부분 고문과 처형을 당하고 집단수용소에 강제 이주되어 혹독한 재교육프로그램을 받도록 강요당하였다.[61]

베트남 통일정부의 남북 간 통합은 단기간 내에 이루어졌다. 통일 베트남 혁명정부는 사회주의 체제가 갖고 있는 구조적 약점에 대한 대응책을 마련하지 못했다. 결국 통일 베트남의 급진적이고 일방적인 통합정책은 남부지역 주민의 급격한 변화를 가져왔다. 주민들이 미쳐 그 변화를 수용하지 못함으로써 심각한 혼란에 빠지게 하였다. 결국 베트남의 정치·경제·사회통합은 전체적으로 단기간 내에 일방적으로 이루어짐으로써 원활하지 못했다고 평가할 수 있다.

(2) 군사통합 과정

국력과 군사력 면에서 북베트남이 남베트남에 비해 면적은 0.9배, 인구는 1.1배, GDP는 0.7배, 1인당 국민소득은 0.8배, 장비 면에 있어서는 1.5배, 병력은 1.03배로 장비수를 제외하고는 남·북이 거의 대등

---

61) 임상진, 전게서, p.62

한 수준에 있었다.[62] 1973년 6월 13일에 조인된 「파리협정」에 따라 미군은 철수하고 남북베트남 당사자로 구성된 휴전감시기구는 사실상 제 기능을 수행하지 못했고, 쌍방 간의 전투는 그치지 않고 계속되었다. 결국은 1975년 3월 11일 남베트남에 대한 총공세작전을 개시하여 1975년 4월 30일 사이공이 함락됨으로써 공산화 통일로 끝을 맺게 되었다.[63] 이후 월맹군들이 남베트남의 모든 실권을 장악하여 통제하고 남베트남 전 지역에 군사위원회(Millitary Management Committee)를 설치하여 모든 군정업무를 총괄하였으며, 예하 행정구역에는 인민혁명위원회(People's Revolutionary Committee)를 설치, 지방행정을 담당케 하였다. 남부 베트콩군은 필히 북베트남 정규군의 예하에 두게 함으로써 베트콩군 간부들을 모든 지휘체계에서 제외시키는 등 북베트남 위주의 일방적인 정책을 시행하고, 관리 인력이 부족할 경우에는 북베트남 정규군 병력을 운용하였다.

통일 베트남은 남베트남군을 완전히 해체하고 기존 월맹군의 규모를 유지함으로써 규모가 축소되었으며, 일방적인 강제적 흡수통합 방식을 시도하였다. 통일 전·후 베트남의 군사력 현황은 〈표 2-14〉와 같이 기존 월맹군의 구조와 편성, 군사적 운용 등을 매우 유사하게 하였다. 특히 기존의 군 편성에서 일부 공군병력이 증가하였고 3개의 대공미사일 연대규모가 증가되었다. 또한 해군 구조가 변경되었으며, 2개의 방공중대가 증설되었다. 장비는 전차와 야포가 증강되었으며, 해군 장비는 보다 현대화되었다.

---

62) 장홍기·이량·이만종, 『남북군사통합방안연구』, (1994), p.47
63) 국제안보연구소, 『신한국시대의 통일안보』, (서울: 국제안보연구소, 1994), p.299

<표 2-14> 통일 전후 남북 베트남 군사력 현황

구분		통일 전('74)		통일 후('76)
		월맹	월남	
병력 (명)	육군	570,000	450,000	600,000
	해군	3,000	55,000	3,000
	공군	10,000	60,000	12,000
	계	583,000	565,000	615,000
부대	육군	18개 보병사단 1개 포병사단 4개 기갑연대 20개 독립보연 15개 대공미사연	11개 보병사단 1개 공정사단 2개 독립보연 18개 기갑항중 14개 독립포대	18개 보병사단 1개 포병사령부 3개 기갑연대 15개 독립보연 20개 대공미사연
	해군	해안경비전대 소형부장정크	행안경비전대 상륙전대 1개 해병사단	호위전대 경비전대 상륙전대
	공군	13개 항공중대	31 항공중대	15개 항공중대
장비	육군	전차 : 900 야포 : 2,500 대공포 : 8,000	전차 : 600 야포 : 1,675	전차 : 1,400 장갑차 : 1,300 야포 : 3,800
	해군	MGB : 28 MTB : 18 소형경찰보트 : 30 상륙정 : 20 헬기 : 4	프리킷함 : 9 경비정 : 8 정찰보트 : 46 소행정 : 7 상륙정 : 40	프리킷함 : 2 MGB : 30 경비정 : 72 상륙정 : 37
	공군	전투기 : 203 헬기 : 685 훈련기 : 50	전투기 : 509 헬기 : 685 훈련기 : 48	전투기 : 198 헬기 : 35 훈련기 : 30

출처 : 장흥기·이량·이만종, 『남북군사통합 방안연구』, (한국국방연구원, 1994), p.48.

통일 베트남의 군사통합은 남베트남 군대에 대하여 무조건적 굴복과 무장해제를 통해 북베트남군 중심의 군제와 부대구조 및 편성, 군사력 운용 등으로 대치되는 과정이었다. 이러한 군사통합은 기준이 명확하고 통합에 소요되는 시간도 단축시킬 수 있는 장점이 있는 반면, 통합과정에서의 비인간적인 만행과 인권 유린, 동족 간의 살상으로 막대한 희생이 있었다. 이러한 베트남식의 무력에 의한 강제적인 군사통합은 통합과정에 있어서 비인간적인 대우와 인권 유린, 숙청과 처형 등으로 남북 간에 많은 문제점과 후유증을 발생시켰다. 특히 통일 이후 북베트남군은 남베트남 지역에 대한 장악과정에서 상황변화에 대한 융통성의 결여로 마찰요소가 빈번하게 발생하였고, 실질적인 군사통합도 장기화됨으로써 통합의 효율성을 상실한 것으로 판단하고 있다.

(3) 베트남 통일 과정의 교훈과 후유증

베트남의 군사통합은 북베트남군이 남베트남의 군대를 완전히 무장해제하고 일방적으로 흡수통합을 함에 따라 그 후유증은 다른 유형에 비해 비교적 적다고 볼 수 있다. 그러나 군사통합 과정에서 강압적 수단에 의해서 일방적으로 군사통합이 이루어지므로 비인간적 인권유린 등의 문제점 등 적지 않은 후유증이 발생되었다고 할 수 있다. 베트남 군사통합 사례는 강제적 군사통합에서 발생할 수 있는 문제점을 고찰하는데 매우 중요한 교훈과 시사점을 얻을 수 있다.

첫째, 통일 이후 북베트남군은 남베트남군을 완전히 해체시키고 북부 베트남 정규군을 월남 전 지역에 배치, 남베트남 지역에 대한 행정 및 주민통제를 담당하도록 하였다. 이러한 통제는 주민들의 불만이나 봉기 등을 조기에 차단하는 효과는 있었지만 주민들의 능동적이고 자발적인 호응과 지지를 이끌어 내기에는 많은 문제점이 있다고 볼 수 있다.

둘째, 베트남 통일의 대외적 주요 요인은 파리협정(1973년) 이후 미국이 월남지역에서 전면적으로 철수한 데 있다고 할 수 있다. 미군의 철수에 따라 베트남에서 힘의 공백이 발생하였고, 이에 따라 북베트남의 일방적인 공격에 의해서 종결되었다.

셋째, 통일 베트남은 과거 남베트남의 적대세력에 대해서 무자비한 숙청과 탄압으로 군인과 경찰, 관료, 보안요원 및 정치인 등의 핵심요원들을 격리시켰다. 이는 단순한 학습을 통한 사고의 개조가 아니라 베트남 사회로부터의 철저한 격리와 배제가 주목적이었다고 할 수 있다.[64] 이러한 재교육 과정은 상당한 부작용과 문제점을 야기 시켜 통일 베트남 정부의 신뢰성을 떨어뜨리는 원인이 되었다. 북베트남 정규군의 비인간적인 인권 유린의 만행은 동족 간에 불신과 적개심을 갖게 함으로써, 이는 그 이후에 이루어지는 경제와 사회, 문화적 통합에 부정적인 영향을 미치게 되었다. 또한 남베트남 출신 베트콩을 소외시킴으로써, 북부사람 대한 남부사람들의 피해의식을 고조시켰다고 할 수 있다. 충분히 준비되지 않은 강압에 의한 군사통합은 무자비한 숙청과 처형, 인권 유린, 비인간적인 교육 등으로 통합 후에 새로운 문제와 후유증을 남기게 된다. 평화적 절차를 거쳐 점진적이고 단계적인 방법으로 군사통합을 이루어나가는 것이 가장 이상적이고 최상의 방법임이 틀림없다. 그러나 급변사태 시 급진적으로 군사통합이 이루어지게 된다면 이러한 베트남 군사통합사례에서 나타났던 후유증

---

64) 재교육은 비인간적인 방식으로 시행되었다. 사회와 격리된 채 밀림에 자리 잡은 재교육캠프는 비위생적 환경과 공포심 조성, 배고픔, 의료보호의 박탈, 체형, 고문, 처형 등 심각한 인권유린의 현장으로 비난받았다. 공산 지도부가 '사회주의적 인간형'으로 개조한다는 목표 아래 시행한 사상교육의 결과는 일시적이나마 남베트남 지역의 사회적 해체로 나타났다. 무려 90만 명에 달하는 남베트남 주민들이 통일 조국을 버리고 자유를 위해 탈출함으로써 이른바 보트피플 집단이 발생했던 것이다. 베트남에서 보트피플의 탈출 물결이 끊어진 것은 통일 베트남 당국이 강력한 사상교육의 시행을 중단하고 '도이모이 정책'이라는 이름 아래 실용주의 경제노선을 추구하기 시작한 이후의 일이었다. 임상진, 전게서, p.67

을 최소화하는 가운데 군사통합을 이끌어낼 수 있는 효과적인 방안을 찾아야 할 것이다.

2. 유형별 비교분석 및 시사점

앞에서 독일과 예멘, 베트남의 통일 과정과 군사통합 과정, 그리고 군사통합 시의 교훈과 후유증들을 분석해 보았다. 여기서는 이러한 유형별 군사통합 사례들을 종합 분석하여 이에 대한 시사점과 교훈을 알아보기로 한다.

먼저 유형별 분단국가들의 군사통합 과정과 구체적인 방식을 비교 분석해 볼 때, 몇 가지의 공통점과 차이점을 식별할 수 있다.

첫째, 독일과 베트남은 평화적 흡수통합과 무력에 의한 통합이라는 점에서 그 통합 방식의 성격이 다르지만, 흡수통합을 했다는 점에서는 공통점을 지닌다.

둘째, 독일과 베트남의 경우 한쪽이 상대를 흡수함으로써 통합의 정도가 비교적 완전했고, 통합의 속도도 신속했다고 볼 수 있다. 예멘의 1차 통합의 경우는 쌍방이 대화와 협상을 통하여 군의 주요 직위를 1:1 배분방식으로 할당함으로써 통합이 상대적으로 지연되었으며, 통합에서 실패를 하게 되었다고 볼 수 있다.

셋째, 통합비용에 있어서는 독일은 장성급 및 정치장교와 55세 이상의 장기근무자 등 동독군의 핵심간부를 제거하면서 이들에게 적절한 보상을 하였다. 베트남의 경우는 통일 후 월남군에 대하여 보상 없이 일방적으로 전격 해체하면서 이를 북베트남군으로 교체하였고, 예멘의 경우는 남북예멘의 병력과 장비를 현지에 그대로 유지시키는 가운데 대등통합을 취함으로써 별다른 통합비용이 소요되지 않았다.

넷째, 정치적 갈등 면에서는 통일 독일과 베트남은 한 체제가 상대의 체제를 흡수하여 통합했다는 점에서 공통점을 보이고 있는데 이러한 흡수통일 방식은 예멘과 같은 대등 통일 방식에 비해 전체적으로 안정되어 있다. 통일 독일과 베트남의 경우 정치 군사적 차원에서의 문제점은 통일예멘에 비해 상대적으로 적은 편이다. 그러나 통일 베트남의 경우 남부지역에 대한 통치를 대부분 북베트남 출신이 담당하였는데, 이는 정책 시행상의 일관성은 있으나 남부지역 특성과 현실에 맞지 않는 정책을 강요함으로써 남부지역 주민들의 통일정부에 대한 지지와 공감대를 형성하는 데는 실패했다. 예멘의 경우 과도정부의 주요 직책을 남북예멘에 대등하게 배분함으로써 업무 전반에 비능률을 초래하였고, 특히 물리적 강제력을 행사하는 군과 경찰 등의 기구들에 대하여 완전한 통합을 달성하지 못함으로써 내전을 겪게 되는 결과를 가져왔다.

다섯째, 사회 통합 측면에서 고착화가 심했던 통일 독일이 자본주의와 공산주의 체제 간 이질성의 심화로 인해 국민통합에 어려움을 겪었고 통일 베트남은 북베트남 방식의 강압적이고 일방적인 변화 요구로 남베트남 주민들의 사회적, 심리적인 고통이 심했던 것으로 나타나고 있다.

통일 독일은 장기간의 동화 노력과 교류협력을 유지했지만 자본주의적 사고방식과 생활양식에 적응하지 못하는 동독주민들이 사회적, 심리적인 갈등과 고통을 겪었으며, 동서독의 경제적 격차와 급진적인 조치 및 진행으로 정책상 시행착오와 오류를 범함으로써 실업이나 주택부족, 복지문제 등의 통일후유증이 나타났다. 이처럼 흡수통일은 분단체제의 이질성과 생활수준의 격차가 크면 클수록 통일 이후에 사회경제적 후유증이 보다 심각하게 나타날 가능성이 높을 것이다.

결과적으로 독일과 베트남의 경우 모두 흡수통합 방식으로 이루어짐으로써 실질적인 단일 지휘체계를 이루어 통일 이후에도 체제의 안정성이 비교적 높은 반면, 예멘의 경우는 군사 지휘체계가 이원화된 가운데 형식적이고 기계적인 대등한 군사통합을 하다 보니 여전히 통일을 저해하는 불안요인을 가지게 되었으며, 결국에는 내전을 통하여 강제적 흡수통합의 길로 갈 수밖에 없었다는 것을 보여 주고 있다. 이상의 유형을 종합적으로 비교·분석해 볼 때 남북한 군사통합에 적용 가능한 시사점을 다음과 같이 도출해 볼 수 있다.

첫째, 군사통합은 상대방을 완전히 흡수하여 일사불란한 단일 지휘체계를 형성하는 독일과 베트남식의 흡수통합이 합의에 의한 대등통합(예멘의 1차 통합)보다 통합 후 조기에 안정을 달성하기에 보다 유리하다는 사실을 알 수 있다.

둘째, 군사통합이 이루어지지 않은 정치 통합은 형식적일 수 있으며 통합 정치권력 내부의 갈등과 파행이 곧바로 분단의 위기로 올 수 있다.

셋째, 군사통합 시 군은 정치적 협상의 수단이 되어서는 아니 되며, 군사통합을 위한 조치가 지연되거나 미진할수록 군사통합은 어려워질 수 있다. 따라서 군 통제권의 무기화를 막는 길은 우선적으로 군사통합을 신속히 이루어 나가는 것이다.[65]

넷째, 군사통합을 위한 대내외적인 안보환경 조성차원에서 주변국

---

65) 독일 통일 간에도 동독군은 군사통합이 다가옴에 따라 '1국가 대 2개 군대'라는 이론을 고수하였으나 군사통합의 주도권을 서독이 장악함으로써 이를 실현할 수 없었다. 임상진, 전게서, p.71

들과의 적극적인 외교와 협력 추진이 중요하다. 이것은 분단국들의 군사통합 추진과정에서 적극적인 외교적 활동이 필수적이며, 무엇보다 중요하다는 것을 의미한다.[66]

결론적으로 한반도에서 남북한의 경우는 체제 간 이질성의 정도와 경제적 발전격차, 남북 간의 군사력 수준 등에 있어서 앞의 어느 유형보다 심각하다. 따라서 남북한 통일의 문제가 다른 국가와 비교하여 쉽지 않다고 볼 수 있으며 통일과정과 통일 후 나타날 후유증이 다른 국가들에 비교하여 보다 크게 나타날 수 있다고 보인다. 앞에서 언급했던 바와 같이 이상적인 통일의 길은 평화적인 방법으로 점진적이고 단계적으로 추진하여 남북한 격차와 이질성을 극복하고 나타날 후유증을 최소화하면서 통일을 이루는 것이다. 그러나 급변사태와 같은 상황은 상호 간 원하지 않더라도 불가피하게 일어날 수 있으며, 또한 그 가능성이 낮지 않으므로 이러한 긴급사태시를 대비한 사전준비는 매우 중요하며 다각적인 방안들을 검토하고 모색하여야 할 것이다.

---

66) 독일 통일 간에도 구소련, 영국, 프랑스, 독일 주변의 약소국 등이 모두 반대하였으나 미국의 적극적 지원과 서독의 다각적인 외교, 동·서독 간의 통일 의지 등으로 일단 통일이 기정사실화 되자 요구조건만 충족되면 반대하지 않는다는 입장으로 선회하도록 만들었다. 임상진, 전게서, p.71

제 3 장

남북한의 군사실태와
주변국의 영향요인 분석

군사통합을 이루어 나가는 데 있어서 주체가 되는 남북한 군의 실체와 특성을 정확히 파악하고 이해하며 분석하는 것은 매우 중요한 일이다. 따라서 추구하는 이념이 완전히 다른 남북한 군의 역할과 목표 및 전략, 군사력의 분야별 현황과 실태를 비교하여 분석함으로써 남북한 군의 특성과 그 한계를 명확하게 알 수 있고 군사통합 방안을 실질적으로 수립할 수 있을 것이다.

또한 통일과 군사통합은 남북한 단독으로만 이루어 낼 수 있는 것이 아니라 주변국들과의 역학 관계 속에서 이루어져야 한다. 따라서 주변 4대 강국인 미국과 중국, 일본과 러시아의 영향 요인을 분석해 보고 남북한 통일과 군사통합 시 주변국들의 효과적인 유도 방향을 모색해 보고자 하였다.

제1절 남북한의 군 역할과 목표 및 전략

남한과 북한의 군대는 추구하는 목표와 군사전략이 완전히 상반된다. 그러므로 이러한 차이점을 항상 염두에 두고 양군대의 통합을 준비해야 한다.

북한의 인민군은 공산국가의 일반적 특성인 혁명군대(revolutionary soldier)로서 김일성, 김정일, 김정은으로 이어지는 3대 세습체제의 정권 유지 및 확장을 위한 무력적 수단에 불과하다고 볼 수 있다. 북한은 이러한 혁명군대의 전통이 항일전쟁의 역사에서부터 내려오는 것이라고 주장하면서 조선의 모든 혁명을 성취하는 것이야말로 조선로동당의 궁극적인 정치적 목적이라고 말하고 있다. 따라서 인민군대는 당의 이러한 정치적 목적을 구현하기 위한 무력적 수단이라고 말할수 있다.

결국 북한의 인민군대는 김정은 수령과 당의 정치적 목적인 "남조선 인민해방"을 위하여 목숨을 바쳐야 한다는 것이다. 여기서 남조선 해방의 의미는 곧 무력에 의한 한반도를 적화시키겠다는 것을 의미하며, 이는 김정은의 안정적인 정권유지의 야망인 것이다. 이러한 제반 목적들을 실행하기 위해서 북한은 창군 이래 군조직과 사상의 강화, 군사기술의 과학화와 현대화 및 군의 대집단화를 추진해 왔다. 이는 1960년대 말 이후 전 인민의 무장화와 전 국토의 요새화 및 전 군의 간부화, 전군의 현대화라는 4대 군사노선 추진으로 집약될 수 있다.

이에 반해 남한의 군대는 북한군이 '인민군'으로서 혁명을 지향하는 군대인 것과 대조적으로 국가를 지키는 국방군으로서 전문 직업군대(professional soldier)의 특성을 지향하고 있다. 따라서 한국군의 목표는 한반도 적화혁명과 정권유지에 있는 것이 아니라 "외부의 군사적 위협과 침략으로부터 국가를 보위하고, 평화통일을 뒷받침하며, 지역의 안정과 세계평화에 기여"하는 데 두고 있다.[1] 즉 한국군은 북한의 군사적 위협을 포함한 국내외의 모든 위협으로부터 국가를 지키는 동시에 한반도 남북한 평화통일을 위한 중추적 기능을 수행하는 국민의 군대로 역할을 수행하고 있는 것이다. 나아가 한국의 국내외적 위상과 국가 안보역량을 바탕으로 주변국과의 군사 안보 협력을 증진시킴으로써 동북아지역의 안정에 기여하고 세계 평화유지를 위한 노력에도 적극 참여하는 세계질서 안정자로서의 역할도 수행하는 것이 한국군의 목표이다.

이러한 남북한 군 간의 상호 대조적인 군사적 목표와 역할들은 또한 서로 다른 군사정책과 군사전략의 기조로 작용하고 있다. 북한은 주체사상을 명분으로 국방 분야에서 우위를 주장하면서 군사력을 증강시켜 왔다. 북한은 1962년 중요한 군사정책으로 4대 군사노선을 채택하여 군사우선정책을 추진해 왔으며, 김정일이 권력을 세습한 이후에는 선군정치를 앞세우며 대남우위의 군사력 건설과 유지를 최우선 과제로 삼아왔다. 김정일 사후 권력을 세습한 김정은도 단기적으로는 선군정치 노선을 변경할 가능성은 없어 보인다.[2]

---

1) 국방부, 『국방백서』, (2012), p.12

2) 국방부, 상게서, p.24

북한군의 기본적인 군사전략은 정치 전략을 우위로 하면서 3대 혁명역량을 축적할 것을 강조하며, 이를 기초로 결정적이고 필요한 시기에 정규전과 비정규전을 배합하여 속도전으로 한반도의 적화 혁명을 완수하겠다는 것이다. 그 요지는 군의 정치·군사적 혁명 역량 강화, 정치·사상적 우세, 유격전 개념에 의한 군사 기술적 우세, 선제적 기습공격에 의한 속전속결 등이다. 북한은 우선 전면 기습공격으로 심리적 혼란을 조성, 전쟁의 주도권을 장악하여 보다 유리한 전략적 여건에서 전쟁을 수행하고자 하는 선제기습 전략을 준비하고 있는 것으로 판단된다. 북한군의 기습 전략은 정규군의 대규모 전략적 기습으로부터 비정규군에 의해 시행될 수 있는 전술적 기습에 이르기까지 매우 다양한 범위를 포함한다. 북한은 정규전과 비정규전 배합의 교묘한 기습공격을 통해서 전방지역 주전선 지역에서의 전투와 병행하여 후방지역 비정규전의 또 다른 전투로 배후에서 제2전선을 형성하여 한국군의 동원을 방해·차단하고 지원 및 증원을 어렵게 하는 등 전후방을 동시에 전장화함으로써 후방지역을 혼란시키고, 한국군의 전의를 상실케 하고자 할 것이다. 특히 북한은 속도전을 수행함으로써 미국을 비롯한 외국군이 지원되기 이전에 서울을 포함한 수도권을 조기에 장악하고, 이렇게 달성한 성과를 계속 확대함으로써 먼저 유리한 전략적 여건을 획득한 후 정치적 협상을 제의하여, 북한이 의도하는 전략적 목적을 이루고자 할 가능성이 크다.

한편 남한은 북한의 대남적화 전략에 대응하여 수세적인 방어 전략을 계속 취해 오다가 공세적 억제전략 개념으로 발전시켜 적용하고 있다. 공세적 억제전략이란, 전쟁 초기에 적을 방어한 후 즉각 공세를 가하는 개념으로 모든 가용 전력을 입체적으로 통합 운용하여 적국

지역으로 공세적인 작전을 실시하여 보복함으로써 사전에 상대의 전쟁 행위를 억제하고자 하는 전략이다. 즉 아군이 전방과 후방, 그리고 공중과 해상에서 군사적 도발을 조기에 격파하고 반격으로 전환하여 적의 전략적 중심을 타격, 지휘체계를 마비시키고 기동타격으로 적을 완전히 섬멸한다는 전략이다.[3]

남한은 북한의 도발을 억제하기 위하여 육·해·공군의 합동작전 능력을 배양하는 등 합동성을 강화하고 한미동맹을 바탕으로 북한의 전면전에 대비한 연합방위체계를 구축하고 있다. 북한이 도발할 경우, 한미연합조기경보체제와 신속한 대응조치로 기습을 거부하고 동시에 개전 초부터 북한의 장사정포와 미사일 등 핵심전력을 정밀 타격하여 수도권의 안전을 확보하고 최단시간 내에 전쟁주도권을 장악하기 위한 계획을 준비하고 있다.[4]

북한군은 1948년 창설 이래 김일성 수령을 위한 군대, 남조선 해방을 위한 군대로서 김일성 주체사상과 공산주의 사상으로 철저하게 무장되어 김정일과 김정은의 선군정치를 뒷받침하며 오늘에 이르고 있다. 한국군은 북한의 위협을 포함한 제반 위협들로부터 국가를 지키는 동시에 한반도의 평화통일을 위한 중추적 역할을 담당하는 국민의 군대로 기능하는 민주 군대이다. 추구하는 목적과 이념적 사상이 완전히 대조적인 두 군대를 하나의 통일 한국군으로 통합하기 위해서는 상당한 진통과 어려움이 예상되며, 상호 이해와 화해를 바탕으로 동화를 위한 단계적 준비를 치밀하게 해 나가야 할 것이다.

---

3) 김종만, 「통일 이후 남북한 군사통합방안에 관한 연구」, (동국대 석사학위논문, 2004), p.26

4) 국방부, 상게서, p.51

제2절 남북한의 군사력 현황과 전망

남북한 군사통합의 대상으로서 병력, 장비, 무기체계 및 방위산업 등을 포함한 남북한의 군사력 현황은 전체적으로 상당한 대조를 보이고 있다. 남북한 군사통합 방안을 연구할 때에 이러한 양적, 질적인 차이뿐만 아니라 남한의 경우에는 미군의 주둔 문제와 지원전력 문제까지도 고려되어야 한다. 또한 독일의 사례에서 분석하였듯이 막상 동서독의 군사통합 현장에서 실질적인 조사를 했을 때 사전에 인지하지 못했던 또 다른 차이점이 발견되었다는 점에서, 통합할 대상의 실상과 그 현황을 정확히 확인하고 파악하는 것은 군사통합을 추진하는 데 매우 중요하다.

1. 병력 및 무기체계

남북한 군사력 비교 현황을 보면 육군 병력에 있어서는 2013년 현재 북한의 상비 병력은 119만여 명으로 남한의 상비병력 64만 명에 비해 약 1.8배를 능가하고 있다. 다른 한편으로 예비 병력에 있어서는 2013년 현재 북한의 예비 병력은 770만 명이며 이에 비해 남한의 예비군은 320만이다.[5] 북한과 남한의 군사력을 비교를 해보면 남한이 훨씬 적다. 그리고 군 복무 기간 역시 북한은 5년 이상인 것에 비하여 우리는 21개월만 하고 있는 상황이다. 또한 비대칭 전력에도 많은 차이가 난다.[6] 특히 북한의 지역 교도대는 예비전력의 근간으로서 연간 상당 시간의 군사훈련과 다양한 종류의 화기를 보유하는 등 실제로 정규군 못지않은 전투력을 가지고 있는 것으로 보고 있다. 이제는 예전처럼 양적 군사력이 우세하다고 해서 전쟁에서 반드시 이길 수 있는 것은 아니다.

〈표 3-1〉 남북한 군사력 비교

구분			남한	북한
병력 (평시)		육군	50.6만여 명	102만여 명
		해군	6.8만여 명 (해병대 2.8만여 명 포함)	6만여 명
		공군	6.5만여 명	11만여 명
		계	63.9만여 명	119만여 명
주요전력	육군	부대		
		군단(급)	12(특전사 포함)	15
		사단	46(해병대 포함)	88
		기동여단	14(해병대 포함)	72(교도대대 미포함)
		장비		
		전차	2,400여 대	4,200여 대
		장갑차	2,700여 대	2,200여 대
		야포	5,300여 문	8,600여 문
		다련장/ 방사포	200여 문	4,800여 문
		지대지유도 무기	30여 기(발사대)	100여 기(발사대)

5) 국방부, 전게서, p.289
6) 군사학에서 대칭전력과 비대칭전력으로 구분하는데 대칭전력은 전차, 군함, 전투기 등 실제 전장에서 사용할 수 있는 재래식 무기를 의미한다. 비대칭전력은 핵무기와 탄도미사일, 생화학무기 등 기습공격과 대량살상, 게릴라전 등이 가능한 무기체계로 인명 살상 및 치명적 타격을 가하는데 있어 재래식 무기보다도 월등한 위력을 발휘하는 무기체계를 말한다.

		전투함정	120여 척	420여 척
해군	수상함정	상륙함정	10여 척	260여 척
		기뢰전함정	10여 척	30여 척
		지원함정	20여 척	30여 척
	잠수함정		10여 척	70여 척
공군	전투임무기		460여 대	820여 대
	감시통제기		50여 대 (해군 항공기 포함)	30여 대
	공중기동기		40여 대	330여 대
	훈련기		190여 대	170여 대
헬기(육해공군)			680여 대	300여 대
예비병력			320만여 명 (사관후보생,전시근로소집, 전환/대체 복무 인원 등 포함)	770만여 명 (교도대, 노동적위대, 붉은청년근위대 포함)

출처: 국방부, 『국방백서』, (2012), p.289

2. 전략 무기체계

북한은 1990년대 이후부터 시작하여 화생방 장비 및 물자를 개발·생산·비축을 하였으며 현재는 독자적인 생화학전을 수행할 수 있는 능력을 보유하고 있는 것으로 보인다. 북한은 현재 약 2,500~5,000톤의 화학작용제를 생산하여 분산된 저장시설에 보관 중에 있으며, 화학무기를 생산할 수 있는 시설을 가지고 있는 것으로 판단되고, 1일 1.9톤, 연간 4,500톤을 생산하여 투하할 수 있는 능력을 가지고 있는 것으로 판단된다. 북한은 화학무기를 사용할 투발수단으로는 지상투발(FROG-5/7, SCUD, 야포, 박격포, 방사포), 해상투발(화력지원정)과 공중투발(폭격기, 전투기, 수송기) 수단 등을 갖추고 있다. 또한 북한은 수포, 신경, 질식, 혈액, 최루성 등을 비롯한 유독 화학가스를 다량 보유하고 이러한 유독 화학가스 5톤은 핵무기 20메가톤의 위력에 해당하는 것으로 판단된다. 여기에 화생방 보호장비와 제독장비 등을 자체 생산할 수 있는 능력을 갖추고 있는 것으로 보인다. 그러나 남한은 이에 대응할 수 있는 공격용 화생방 무기를 갖추고 있지 않고 이에 대응할 수 있는 방어 능력도 매우 취약하다 볼 수 있다.

북한은 또한 전략적 공격능력을 확보하기 위하여 핵 및 탄도미사일과 화생무기를 지속적으로 연구 개발하고 있다. 1960년대부터 영변의 핵시설을 건설하기 시작하여 1970년대에 이르러 핵연료의 정련·변환·가공기술을 집중적으로 연구하였다. 1980년대 이후부터 5Mwe 원자로의 가동 후 폐연료봉 재처리를 통해 핵물질을 확보하였고, 축적된 기술을 기반으로 2006년과 2009년, 2013년에 세 차례의 핵실험을 감행하였다. 북한이 현재까지 4회에 걸친 재처리 과정을 통해 보유하고 있을 것으로 추정되는 플루토늄의 양은 40여 kg에 달할 것으로 보인다. 또한 2009년 외무성 대변인의 '우라늄 농축'에 대한 언급과 2010년 11월 우라늄 농축시설의 공개 등을 고려해 볼 때 고농축 우라늄(HEU)프로그램을 진행하고 있는 것으로 평가된다.[7]

또한 북한은 지난 1970년대부터 탄도미사일 개발에도 착수하여 1980년대 중반에 사정거리 300km SCUD-B와 500km SCUD-C를 생산, 작전 배치하여 운용 중에 있다. 1990년대에는 사정거리 1,300km인 노동미사일을 시험 발사하여 작전 배치하였으며, 2007년에는 사거리가 3,000km 이상인 무수단 미사일을 배치하여 운용하고 있다. 이에 따라 북한은 한반도뿐만 아니라 일본, 괌 등을 포함한 주변국에 대하

---

7) 국방부, 전게서, p.29

여 직접적인 타격능력을 보유하게 되었다. 또한 1990년대 말부터는 장거리 탄도미사일(ICBM) 개발을 시작하여 1998년에는 대포동 1호, 2006년에는 대포동 미사일 2호를 시험 발사하였고, 2009년과 2012년에도 대포동 2호 미사일을 시험 발사하였으나 실패하였다. 또한 북한은 2012년 4월 15일 군사퍼레이드에서 개발 중인 것으로 추정되는 신형 미사일을 공개하였다.[8]

남한은 북한의 핵과 장거리 탄도미사일 위협에 효과적으로 대비하기 위해 2012년 10월에 미사일 지침을 개정, 북한 전 지역을 타격할 수 있도록 사거리를 300km에서 800km까지 확대하였고 무인항공기 최대 탑재 중량도 2·5톤으로 늘리고 무장능력도 구비하고 있으나 북한이 핵 및 탄도 미사일 능력 면에서는 압도적으로 우세한 것으로 평가된다.

3. 방위산업

1960년대부터 북한은 4대 군사노선을 추진[9]하여 방위산업의 기반을 대폭 확대하였다. 즉 북한은 각종 소화기류를 지속적으로 개발하면서 박격포, 방사포, 비반충포 등 중화기 등도 생산체제를 갖추기 시작하였다. 그 결과 북한은 1960년대에 중국과 소련제를 모방하여 사단급 편제 기본화기의 자급 자족체제를 완비하였다. 1970년대에 와서도 북한은 집중적으로 군사력 건설 우선 정책을 추진하면서 군수산업

---

8) 국방부, 전게서, p.29

9) 1962년부터 북한은 주체사상을 구현하여 스스로의 힘으로 국가를 보위한다는 국방 자위 정책을 추진하면서 이를 구체화하기 위하여 ① 전국토의 요새화, ② 전군의 간부화, ③ 장비의 현대화, ④ 전인민의 무장화를 추진하였다.

을 더욱 .확장하였다. 그 결과 북한은 1970년대 이후부터 구축함을 비롯하여 잠수함, 고속 상륙정 등을 자체 건조하기에 이르렀을 뿐만 아니라 전차, 장갑차, 자주포 등의 지상무기의 양산체제에 돌입하였다.[10]

1980년대부터 1993년 기간 동안 북한은 각종 유도탄 및 헬기, 훈련기 등의 조립과 모방 생산을 해왔는데, 지대지 유도탄(SCUD)의 경우에는 1976년 이집트에서 SCUD-B를 도입해 와서 중국의 기술 지원 아래 자체 개발과 생산을 하였으며, 1986년부터 양산하기에 이르렀다. 현재 연간 생산 능력은 100발 정도로 추정되고 있으나 1988년 이후의 생산 실적은 파악되지 않고 있다.

1980년대 말에 북한의 군수공장은 총포 공장 17개소, 탄약 공장 35개소, 전차 및 장갑차 공장 5개소를 비롯하여 9개의 항공기 공장, 3개의 유도무기 공장, 5개의 통신장비 공장, 8개의 화생무기 공장 등 총 134개소로서 대부분 지하화된 것으로 알려지고 있다.[11] 또한 북한은 일반기계공장의 생산시설을 활용하며 무기부품을 생산하는 공장과 군 피복과 군화 등 군수품을 생산하는 일반군수 공장과 시설을 여러 곳에 유지하고 있는 것으로 알려지고 있다.

한편 남한의 방위산업은 1970년대 초에 들어와서야 비로소 관심을 가지기 시작하였는데, 1969년 닉슨 독트린과 연계되어 미군의 철수 문제가 논의되기 전까지는 남한에서의 방위산업 분야는 크게 중시되지 않았다. 1973년 한미연례안보회의에서 미국은 먼저 한국의 방위산업 발전을 위해 원조해 줄 것을 약속하였다. 이를 계기로 남한은

---

10) 극동문제연구소, 『북한전서』, (1980), p.438, p.673
11) 정병호, "남북한 군사력: 그 실상과 허상", 『국제정치논총』 제29집 1호, (1989), p.117

1970년대에는 육군의 기본화기인 M-16소총, 탄약, 통신장비와 고속정 등을 생산하게 되었고, 1980년대에는 장갑차와 전차, 개량곡사포와 자주포, 사거리 연장탄, 다련장 로켓 등의 지상무기뿐만 아니라 구축함(1980년)과 경비정(1982) 등의 해상장비를 생산 운용하였다. 더 나아가 남한은 500MD헬기(1982), F-5E 전투기 등 항공장비 생산이 가능한 정도의 방위산업의 발전을 보이고 있다.[12] 또한 최근에는 순수한 국내기술로 T-50 초음속 고등훈련기 생산도 성공하였다.

현재 남북한 군수 방위산업 능력은 1980년대까지는 전반적으로 북한이 우위에 있었다고 볼 수 있으나 1990년대 들어서 어느 정도 남북한 균형을 이루게 된 것으로 볼 수 있다. 지상무기(방사포, 대전차화기, 대공화기), 해상수중무기(잠수함) 및 공통무기(지대지 유도탄) 분야에서는 북한이 보다 우위에 있는 것으로 보이며, 박격포와 구축함 등에 있어서는 남한이 우위에 있는 것으로 판단된다. 그 외의 분야에서는 남북한이 거의 대등한 수준에 놓여 있다고 추정된다. 그리고 무기자급도 면에서는 북한은 야포, 전차 등 지상무기분야에서 우위에 있고 남한은 고속정, 수상전투함 등의 해상무기 및 헬기 등의 공중무기 분야에서 우세한 것으로 추정되고 있다. 이상을 전체적으로 종합해 볼 때 남북한의 방위산업 능력은 생산능력 면이나 무기자급도 측면에 있어서 전반적으로는 남북한 거의 대동소이한 수준이라 볼 수 있다. 그러나 북한의 군수 및 방위 산업시설들은 노후화가 급속히 진행되고 있고, 경제난 등으로 투자가 이루어지지 않아 향후 상대적으로 취약해질 가능성이 높다고 보인다.

---

12) 정병호, 전게서, pp.116~117

제3절 주변국의 영향요인 분석

역사적으로 한반도를 둘러싸고 있는 주변국들은 한반도 문제를 자국에게 유리한 방향으로 유도하기 위해 적극 개입해 왔다. 6·15 남북정상회담과 그 이후 한반도 남북관계의 전개 양상과 최근 핵 및 미사일 문제, 천안함과 연평도 포격 이후 변화되는 동북아 전략상황, 김정은 3대 세습 체제로의 전환 등 주변 4강으로 하여금 한반도의 상황변화가 자국의 이익에 미칠 영향에 대하여 관심을 갖도록 하였다. 그 결과 미국을 비롯한 4강 모두 한반도 문제에 대하여 관심 수준을 높이면서 보다 적극적으로 관여하려는 성향을 나타내고 있다. 북핵 문제에 대한 4자회담과 6자회담이 그 대표적인 사례이다.[13) 따라서 남북한 통일과 군사통합 문제에 대하여도 주변 4강들은 다양한 관점에서 자국의 이익과 영향력을 확대해 나가려 할 것이다. 즉, 급변사태를 포함한 한반도 문제에 대해 남북한의 주도적 역할이 증대되는 한편, 구한말 당시의 상황과 유사한 모습으로 한반도 문제의 국제화 현상도 두드러지고 있다고 볼 수 있다.[14)

---

13) 박영호 외,『한반도 평화정착 추진전략』, (서울: 통일 연구원, 2003), pp.1~8, 예를 들어 4자회담에서 소외되었던 일본과 러시아가 불만을 표출하여 6자 회담이 형성되었음.

14) 방병남,「한반도 평화체제에 관한 연구」, (명지대 박사학위 논문, 2004), p.14

I. 미국

가. 영향요인

미국의 동북아 전략은 대 테러전을 수행함과 동시에 지역에서 일어날 수 있는 분쟁 요인을 억제 및 예방하고 미국 주도하에 세계체제에 편입시키는 데에 있다고 보고 있다.[15] 이러한 전략에 따라 미국은 한반도의 안정과 평화를 원하고 있는 한편, 한반도에 대한 영향력을 확대하려고 한국에 대해 많은 지원을 하고 있다. 2012년 6월에는 제임스 서먼 주한미군사령관(한미 연합사령관)은 대 북한의 억제력 강화 차원에서 공격용 헬기 1개 대대[16] 증강과 탄도미사일 방어 전력 확충을 미국 국방부와 합참에 요구하였으며, 서먼 사령관이 언급한 전력은 주한미군에 배치되어 있다가 이라크전 때 차출된 뒤 한반도로 복귀하지 않은 AH-64 아파치 헬기 1개 대대와 북한 탄도미사일 요격이 가능한 패트리엇 PAC-3 미사일을 의미하는 것이다.[17] 이처럼 미국은 한반도의 안전과 평화를 위하여 부단히 노력하고 있다.

2012년 미국 오바마 대통령의 대한반도 정책 기조는 한·미 동맹은 성공적이고 강력한 동맹이자 아시아 평화·안보의 초석이라는 인식하에, 양국 관계의 미래지향적 발전을 추진하고 있다. 2009년 4월 2일 런던에서 개최된 G20 정상회의를 계기로 열린 한·미 정상회담에서 양국 정상은 한·미 동맹의 중요성을 재확인하고, 양국 간에 미래지향적 발전을 추진하는 데에 합의하였다. 이 회담에서 미국의 버락 오바

---

15) 박창권, 『21세기 미국의 아태 전력과 동아시아 안보』, (서울: 한국국방연구원, 2004), p.9

16) 아파치 헬기 1개 대대, (24대)

17) 『조선일보』, (2012), 6. 13. A6면

마(Barack H. Obama) 대통령은 재임기간 동안 한·미 관계를 더욱 강화해나가겠다는 강한 의지를 표명하였다. 또한 힐러리 클린턴(Hillary R. Clinton) 미국 국무장관은 2009년 2월 Asia Society에서 행한 연설에서 한·미 동맹이 "가장 강력한 역사적 동맹 중 하나"라고 말했으며, 2009년 2월 20일 한·미 외교장관 공동기자회견에서 "공동의 가치에 기반을 둔 세계적 전략동맹으로 발전하고 있다."라고 평가하였다. 미국은 한국의 대북정책을 지지하면서, 북한의 비핵화에 대하여 분명한 원칙과 함께 한·미 공조를 기반으로 6자회담을 통하여 북핵 문제를 해결하기 위해 노력하고 있다. 2009년 4월 런던에서 열린 한·미 정상회담에서 양국 정상은 '북핵 불용' 및 '완전하고 검증 가능한 북핵 폐기'라는 확고한 원칙을 확인하고, 북핵·미사일 문제와 관련하여 엄정하고 단합된 대응을 위해 긴밀히 공조해 나가기로 합의하였다. 오바마 대통령은 북한이 한·미 관계를 절대 약화시킬 수 없을 것이며, 대북정책을 추진하면서 한국과 긴밀하게 협력하고 공조해 나갈 것이라고 천명하였다.

한·미 양국은 공고한 안보·경제 관계를 기반으로 범세계적인 문제들을 해결함에 있어 협력 강화를 추진하고 있으나 현재까지 미국은 남북한 통일문제를 주도하지 않고, 통일을 지원하기 위한 어떠한 구체적 행위도 보이지 않고 있다. 남북한이 통일을 하게 되는 경우에는 통일 한국이 미국의 영향력 아래 있게 되는 조건부 통일을 지향하고 있다. 이러한 상황이 조성되지 않는다면 차선책으로 현상유지를 바라는 것이라고 볼 수 있다. 이러한 정책 배경에는 한반도가 통일이 되면, 중국의 영향권으로 들어갈 것이고 헌팅턴이 지적한 바와 같이 통일 한국은 미군의 주둔을 반가워하지 않을 것으로 판단되는 측면이 있기 때문이다. 따라서 불확실한 미래보다는 현재의 상황이 더 좋을 수 있다는 생각을 하고 있는 것으로 볼 수도 있다.

미국은 현재의 대한반도 정책이 통일이 된 이후에도 지속되기를 바라고 있다. 북한의 위협이 소멸되더라도 한·미 동맹체제가 지역안정에 기여하는 방향으로 변화 조정되기를 바라고 있는 것이다.[18] 한·미 관계가 현재와 같은 동맹체제가 유지되는 가운데 통일이 추진되는 경우에는 중국과 러시아는 그들의 이해와 상충되기 때문에 좌시하지만은 않을 것이다. 미국은 1996년 4월에 발표한 '미·일 신안보 공동선언'을 통하여 일본을 아시아의 확고한 안보 동반자 관계로 설정한 반면, 중국에 대해서는 미국에 대항할 유일한 강대국으로 인식하고 있다. 따라서 통일 시기에 미국과 중국, 러시아가 어떤 관계에 있느냐가 통일을 위한 결정적 변수가 될 것이다. 그리고 중국과 러시아의 위상이 어떠한 위치에 있게 될 것이며, 미국과의 격차를 어느 정도 극복하느냐가 중요한 영향 요인이 될 것이다. 이러한 국제관계는 남북한의 통일과정과 미국 간의 동맹유지 문제에 대해서도 상당한 영향을 미칠 것이다. 미국은 남북한의 통일과정에서도 국익을 최대화하려고 할 것이다. 미국이 통일 한국에게 바라는 바는 다음과 같이 현재의 대한반도 정책의 연장선상에서 파악해 볼 수 있다.[19]

미국은 정치적 경제적 부담을 줄여가면서 아시아 국가에 대한 마찰이 발생하지 않도록 하고 강대국과의 직접적인 마찰이 발생하지 않도록 할 것이다. 현재는 한·미 군사동맹체제를 유지하고, 동북아 지역의 균형자 역할을 담보할 수 있도록 미군을 한반도에 주둔시키려고

---

18) 외교안보연구원, 『중장기 국제 정세 전망』, (2002), pp.50~52
19) 권양주, 전게서, p.107

할 것이다. 한국과 미국의 동맹군 체제하에서는 통일 한국군의 독자적 행동보다도 미국과 함께 통합적인 방위 체제를 선호할 것이라고 예상된다. 아울러 한·미간의 주요 전략 무기 공유 및 방산 협력 체제를 지속적으로 구축하려고 할 것이다. 이 경우 전략무기 및 첨단 군사기술 등을 제공함으로써 통일 한국군에 대한 영향력 증대를 모색할 것으로 예상된다.

미국은 한반도에서의 대량 살상 무기(Weapons of Mass Destruction) 문제의 완전한 해소에 주력할 것이다. 미국은 국가전략 차원에서 동북아 안보 균형 유지와 동맹국 보호, 동 지역의 미국인 보호 등의 이유로 북한의 핵 및 미사일 문제를 중시해 왔다.[20] 북한의 핵문제는 주변 4국은 물론이며 국제사회에서 요구하는 통일의 조건으로 거론될 수 있다. 미국은 북한의 핵무기를 포함하여 북한의 모든 잔여 핵시설 및 잠재 능력을 완전히 제거하려고 할 것이다. 특히 한국 내에서 통일 이후에도 북한 핵을 계속 유지해야 한다는 일부 여론과 더불어 이를 현실화하기 위해 은밀히 추진하려는 의도에 대해 극도의 경계심을 표출할 것으로 예상된다. 따라서 WMD 관련 사안을 국제 문제화함으로써 한국의 독자적 처리를 원천적으로 봉쇄하려 할 것이다. 미국은 군사통합 과정에서 이익을 극대화하기 위하여 현재와 같은 영향력을 유지할 수 있도록 제반 정책을 추진해 나갈 것이며, 이 경우에는 주변국과의 이해관계로 충돌이 불가피하다.

미국은 가급적이면 한국을 지원하고자 노력할 것이고, 한국의 적극적 개입도 용인해줄 가능성이 크다. 미국은 한국과 혈맹관계이고, 자

---

20) 김창수 외, 『미·북관계 변화가 한·미 군사관계에 미치는 영향』, (서울: 한국국방연구원, 2007), p.49

유민주주의에 의한 통일을 선호할 것이기 때문이다. 현실적으로도 미국은 반미의식이 높은 북한에 군대를 투입하는 것을 꺼릴 것이며, 북한 핵무기를 통제하는 측면 이외의 군사적 개입은 회피하고자 할 가능성이 크다. 전시 작전통제권 전환과 관련하여 한미가 합의한 한반도 방어에 관한 "한국 주도, 미국 지원"의 관계와 같이, 북한 위기에 대응함에 있어서 한국이 주도하고 미국이 핵심적인 지원역할을 수행해야 한다는 주장도 존재하고 있는 것이다.[21]

주한미군은 한국이 어떠한 입장을 취하느냐에 따라 주둔하거나 철수할 수 있다는 입장을 가질 수 있다. 그러므로 통일된 이후 통일 한국 정부의 태도에 따라 미군의 철수가 가능하다고 보인다. 미국은 여전히 북한의 군사적 위협이 계속된다면 주한미군을 계속 주둔시켜야 한다는 입장을 가지고 있으나, 미국은 자국의 국가 이익에 따라서 미군의 한반도 주둔 규모를 결정하여 왔으며, 앞으로도 그들의 안보 전략에 따라 입장이 달라질 것으로 보인다.

미국은 한반도에서 남북한 통일이 점진적이고, 평화적으로 이루어지는 것이 최상의 방안이라고 보고 있으나, 북한 지역 급변사태의 발생으로 인한 급격한 남북통일 가능성도 배제할 수는 없다는 판단을 하고 있을 것으로 보인다. 미국은 북한 지역 급변사태 시 특히 핵무기와 대량살상무기 등이 한반도 이외 타 지역 및 테러집단으로의 유출되거나 확산되지 않도록 하는 것을 최우선 관심사로 보고 있으며, 이에 대한 한·미 협력을 중시하고 있다. 또한 미국은 북한체제의 불안정성에 따라 체제의 급격한 변화의 가능성에 대비할 필요성을 강조

---

21) 박휘락, 「북한의 심각한 불안정 사태 시 한국의 적극적 개입, 정당성과 과제분석」, 『평화연구』 2011년 가을호, 국민대학교, p.420

하고 있다.

한편, 미국은 통일 한국이 친(親)중국으로 기울어질 가능성에 대해 우려하고 있는데, 통일 한국의 국내외적인 위상의 변화에 따라 발생할 수 있는 관계 조정과 역내 주변국 관계의 변화에 대하여 조정과 적절한 대비가 필요하다는 입장이다.

나. 분석

한반도 통일이 주변 4강국의 국가 이익과 전략 상황에 심대한 영향을 미치게 될 것이므로 주변국들은 이에 대해 매우 민감한 반응을 보일 것이다. 한반도 통일이 각국의 이익에 실질적으로 기여하고 동북아 지역과 세계 평화증진 및 공동 번영에 확실히 기여한다고 인식될 때 비로소 한반도 통일에 대해 적극적으로 지지할 것이다. 한반도에서의 남북통일은 한국의 국가이익과 함께 주변 4강국의 국가이익을 공유시키는 매우 중요한 과제로서 미국 역시 한반도 통일과 군사통합이 미국의 국가이익에 어떻게 기여하며 도움이 되는가를 부각시키고 협력을 유도해 나가야 한다.

통일 한국은 그동안의 한·미 동맹의 역사를 바탕으로 미국의 국가이익과 전통적인 가치를 아시아 지역을 비롯한 세계 전 지역으로 확산하는데 크게 기여할 것이다. 한국은 그동안 단기간 내에 경이적인 경제 발전과 민주화를 동시에 이뤄낸 모델 국가이며, 통일 한국은 이에 더하여 아시아 지역과 세계의 국제평화와 공동번영을 선도하는 모델이 될 것이다. 통일 한국은 미국과 더불어 새로운 동북아 안보위협에 적극적으로 참여함으로써 동북아와 국제평화에 기여할 수 있을 것이다. 미국이 주도하는 핵 안보정상회의 등과 같은 각종 미국의 활동과 역할에 적극 기여함으로써 미국의 주도적인 세계 질서 유지에 유리한 효과를 가져 오게 될 것이다.

무엇보다 풀리지 않는 국제적 이슈 중 하나인 북핵 문제에 대하여 근본적 해결이 필요하다. 이러한 면에서 통일 한국은 비핵국가로서 세계적인 비확산체제의 모델이자 세계 평화 구현의 모델이 될 것이다. 또한 통일 한국은 동아시아 지역의 4대 강대국 간의 역학관계에서 발생할 수 있는 제반 갈등의 조정자 역할을 수행할 것이며, 공고한 한·미 전략동맹 관계 속에서 미국과 역할을 효과적으로 분담하게 될 것이다. 또 통일 한국은 중국의 '패권국가화'와 이에 따른 '수직적 중화주의' 국제질서의 새로운 등장을 저지하고, 세계의 수평적 평화질서 유지에 기여하게 될 것이다.

통일 한국은 지정학적 특성을 살려서 해양과 대륙을 연결하는 가교국가로서 통일 이후에도 한·미동맹은 NATO 동맹과 같이 동북아지역의 평화·안정의 핵심 축으로서 역할을 할 것이다. 한·미동맹은 통일과정에서 형성될 것으로 예상되는 동북아 다자안보협력체제와의 협력 속에서 운영될 것이다. 그리고 통일 한국의 한·미동맹 유지는 미국의 미·일 동맹, 미·호주 동맹 등 아시아·태평양 지역에서의 양자 동맹의 틀을 유지하기 위한 전략적 협력의 보루가 될 것이다. 통일 한국은 한·미 FTA, 한·중·일 FTA, 한·러 경제동반자로서의 관계 발전 등을 통해 동북아지역의 경제발전을 이끄는 경제번영의 촉매제로 가능하게 될 것이다.[22]

---

22) 박영호, 『한국의 한반도 통일을 위한 외교전략』, (서울: 통일연구원, 2011), p.122

2. 중국

가. 영향요인

중국은 한반도를 중국의 안보에 대한 완충지대로 보고 있다. 중국은 한반도에서 평화와 안정을 원한다. 경제발전이 무엇보다 시급하며 이를 위해서는 주변국의 안정이 필수적이기 때문이다. 중국은 북한의 사회주의체제 유지를 적극 지원해 왔으며 지금도 든든한 후견인 역할을 하고 있다. 북한 핵문제에 대해서는 중국이 한반도의 비핵화를 강조하면서 평화적인 해결을 위해 노력하고 있는데, 중국은 남한과의 경제교류와 협력 강화를 통해 자국 경제발전에 도움을 얻고자 하며 북한과의 전통 우호관계를 지속함으로써 한반도에서의 영향력을 확대하여 최대한의 국익을 얻고자 노력하고 있다.

미국과 일본은 중국의 급부상을 경계하고 있으나 중국은 경제발전을 위해 주변국들로부터 주목받는 것을 꺼려하고 있다. 중국은 2020년까지 전면적인 소강사회(小康社會)[23] 건설을, 2050년까지는 중등국가(대동사회) 건설을 목표로 하고 있다. 1997년 제15차 당 대회에서 장쩌민은 중국공산당의 창당(1921) 100주년이 되는 2020년까지는 국민경제의 발전과 각종 제도의 완비를 통하여 전면적 소강사회를 건설하겠다고 천명한 바 있다. 이러한 토대 위에서 건국 100주년이 되는 2049년에는 기본적으로 현대화를 실현하고 부강·민주·문명의 사회주의 국가를 건설하겠다는 것이다.[24] 이를 위해 중국은 안정적이고 평

---

23) 1979년 등소평이 소강(小康)이라는 표현을 사용하였는데 소강은 기원전 10세기~6세기 사이에 만들어진 시집 詩經에 나오는 말이다. 중국학자 루수쫑(Lu Shuzeng)에 의하면 소강의 의미는 모든 국민이 잘사는 'Concept of Ideal Society'이다. David Hale and Hugbes Hale, "China Takes Off," *Foreign Affairs*, Vol.82, No.6 (2003), p.39

화적인 대내외 환경을 조성하는 데 우선을 두고 있으며, 주변 국가들의 급격한 변화를 원치 않고 있다. 중국의 대한반도 정책기조는 한반도에서 미국과의 갈등을 최소화하면서 안정을 유지하는 가운데 영향력을 신장하려고 하는 것으로 나타나고 있다.[25]

대 한반도 정책의 최우선순위는 한반도의 상황이 중국의 발전에 저해가 되지 않도록 안정과 평화를 유지하고, 남북한 간에 전략적 균형을 이룬 가운데 실리를 추구하면서 한반도에 대한 영향력을 확대하는 데에 있다.[26] 중국은 경제 현대화를 추진하는 중이기 때문에 기존 체제에 도전하기보다는 균형과 조화를 이룸으로써 이익을 공유할 가능성이 크다.[27] 한반도의 안정이 매우 긴요하므로 미국 등 주변 국가와의 마찰은 물론, 한반도 내에서도 급격한 변화가 일어나는 것도 기본적으로 바라지 않고 있다.

중국의 대 한반도 전략은 미국 및 일본과의 전략적 경쟁의 한 부분을 구성하고 있으며, 동북아 정책의 큰 틀 안에서 결정 및 추진되고 있다.[28] 중국의 입장은 종전의 냉전시대의 질서와 새로운 협력적 국제질서가 공존하는 과도기적인 상황으로, 주변국들과의 교류 협력을 통하여 합리적인 새로운 질서를 확립한다고 볼 수 있다. 중국대사관 홈페이지에 나타난 대 한반도 정책기조를 살펴보면 "한반도 평화와

24) 이희옥, 『중국의 국가 대전략 연구』, (서울: 폴리테이아, 2007), pp.27~28

25) 최춘흠, 「중국의 국내정치변화와 대북전략」, 『전환기 동북아 국가들의 국내 정치 변화와 대북 전략』, (서울: 통일연구원, 2008), p.114

26) 외교안부연구원, 『중기 국제정세 전망 2008~2013』, (2008), p.83

27) 이창형 외, 『중국이냐 미국이냐 : 중국의 부상과 한국의 안전보장』, (서울: 한국국방연구원, 2008), p.40

28) 정기하, 「북한 급변사태에 관한 연구」, (국방대학교 석사학위 논문, 2009), p.36

안정유지는 중국이 한반도 문제를 처리하는 기본 원칙입니다. 중국은 남북 쌍방이 한반도 문제의 주요 당사자로서 한반도 문제는 최종적으로 남북 쌍방이 대화와 협상을 통해 해결해야 한다고 일관되게 주장해 왔습니다. 기타 관련 각국은 이를 위해 유리한 외부환경을 조성하고 촉진하는 역할을 해야 합니다. 중국은 남북 쌍방의 남북대화, 한반도 긴장완화 추진을 위한 적극적인 노력과 한반도의 종국적인 자주평화통일의 실현을 지지하며, 이를 위해 계속해서 건설적인 역할을 다할 것입니다.”[29]라고 밝히고 있다. 이는 한반도가 중요한 전략적 가치를 지니고 있음을 보여주고 있는 것이다. 북한은 중국 안보에 매우 중요한 전략적 완충지대이며, 미국 등 서방 국가들의 중국에 대한 전략적 포위망을 차단하기 위한 중요한 보호막으로 여기고 있다. 북한이 친미적 또는 반중적 세력에 의해 흡수된다면 ‘등 뒤의 비수’[30] 역할을 하기 때문이다.

이를 보다 세부적으로 살펴보면 미국의 중국 안보문제 전문가인 데이빗 샴보 교수는 장기적 관점에서 ① 북한체제의 생존(존속) ② 북한체제의 개혁 ③ 중·한 양국 사이의 포괄적이고 확고한 관계유지와 발전 ④ 한반도 양국에 대한 중국의 지배적인 외부적 영향력 확립 ⑤ 경제적이고 사회적인 수단들을 통한 남북한을 점진적으로 통합시키는 것으로 대 한반도 정책을 정리[31]하고 있으며, 국방대학교 박창희 교수는 ① 북한 정권의 생존을 보장하면서 현상을 유지 ② 한반도에서

---

29) 김재관, 「한반도 문제에 관한 중국의 입장」, 『국제정치논총, 제45집』, 제2호(2005), 김기호(2006), p.119에서 재인용

30) 박창희, 「북한급변사태와 중국의 군사개입」, 『국방대학교 학술세미나 자료집』, (2009), p.49

31) 김재관, 상계서, p.136

전쟁을 방지하고 군사적 충돌 예방 ③ 장기적인 차원에서 북한의 개혁을 유도 ④ 중국이 원하는 조건 하에서 한반도의 통일을 이루는 것이 중국이 추구하는 대 한반도 전략이라고 주장하고 있다. 이들을 정리해보면 중국의 대 한반도에 대한 전략은 '한반도의 평화·안정 유지'와, '주변 강대국을 고려한 한반도 내 영향력의 상대적 우위 유지'라는 두 개의 기조로 집약할 수 있다. 이러한 대한반도 전략에 근거하여, 중국은 장기적으로는 북한체제의 안정적 존속을 가장 우선적으로 원하고 있으며, 이를 전제로 중국의 개혁·개방을 모델로 한 북한체제의 개방을 희망하고 있다.[32]

중국은 미사일 방어(MD)체제, 미군의 한반도 주둔문제, 남북한 통일문제 등에 대해서는 분명한 입장을 보이고 있다. MD문제는 반대입장에 있고, 주한미군은 통일 이후에는 철수를 해야 한다는 시각을 가지고 있으면서도, 현재의 휴전선을 월경하지 않는 선에서 주둔을 묵인하려는 입장도 보이고 있다. 그리고 통일은 당사자 해결원칙을 통한 평화정착을 바라고 있다.[33] 중국은 남북한의 통일은 평화적으로 추진되고, 통일 한국이 중립적인 외교정책과 군사태세를 유지하며, 외국군대가 주둔하지 않는다면 반대하지 않을 것으로 보인다. 중국 제지앙 만리대 장쵄이 교수는 '통일된 한국은 중국에 위협이 될 것이므로 중국은 남북한 통일은 원하지 않는다.'라는 인식은 냉전시대의 분석이라고 일축하고 통일 한국은 중국에 상당한 이익을 가져올 것이라고 강조한 바 있다. 이러한 주장은 남북이 통일되더라도 가까운 시간

---

32) 하도형, 「한·중 정상회담의 성과와 의의」, 『정서와 정책』, 2006년 10월호, p.12
33) 김광열, 「남북한 군사통합 - 갈등요인과 대책」, 『한국정치외교사 논총』, 제23집 (2000), p.308

내에 통일 한국이 일본을 능가하기는 어려울 것이며 일본을 견제하는 차원에서 전략적으로 협력이 가능하다는 시각에서 나온 것으로 해석된다.[34]

중국은 북한에 심각한 불안정 사태가 발생하였을 경우 중국이 북한과의 상호 우호조약과 국경지역 대량탈북자 통제를 명분으로 군대의 투입을 포함한 적극적 개입을 시행하고 중국은 군사 개입 사실을 대외적으로 선언하지 않은 채 은밀히 병력을 투입시킬 가능성이 높고, 다른 국가들이 이에 대한 대응 조치를 강구하였을 때는 이미 상당한 중국의 군대가 북한지역에 주둔하고 있을 가능성이 크다. 중국은 북한 정부의 적극적인 요청에 의하여 중국군을 진주시켰다고 할 가능성도 크고, 북한의 나진과 선봉지역을 중국이 빌려서 사용하고 있어 중국 군대가 평시부터 일상적으로 북한으로 왕래하는 상황이 발생할 수도 있다. 이러할 경우 북한은 중국의 일방적 영향력 하에 남겨지게 될 가능성이 높다고 본다. 북한의 불안정이 계속될 경우 개입의 의도, 명분, 능력 측면에서 유리한 것은 중국이라고 본다. 중국은 지리적으로 인접하고 있고 상호 우호조약을 체결한 상태이며, 중국이 군대를 투입한다고 하더라도 다른 국가들이 상황을 제대로 파악하거나 이를 저지하는 것이 어렵기 때문이다. 중국은 안보리의 상임이사국 지위를 이용 그들의 주둔을 정당화시킬 것이고, 친 중국 성향의 정권을 수립한 후 철군할 경우 국제적인 비난도 모면할 수 있을 것이다.

---

34) 권양주, 전게서, p.112

나. 분석

남북한 통일과 군사통합이 중국의 국익에 절대적으로 유리하게 작용함을 인식시켜야 한다. 한국의 통일추진은 한·중 간 정치·안보적 관계의 신뢰와 더불어 진행되며, 중국의 향후 전략적 우호관계의 돈독한 기반이 될 것이다. 통일 한국은 동북아와 세계 평화 및 경제번영에 기여하고 중국의 국가 이익에 크게 기여하게 될 것이다. 통일 한국은 중국과 평화적으로 협력·공존하고 동북아 평화와 세계평화 증진에 기여할 것이다. 통일 한국은 중국의 경제이익뿐만 아니라 장기적인 현대화계획을 추진하는 데에 긍정적으로 기여하게 될 것이다. 즉 중국이 바라는 안정적·평화적 주변 여건 조성에 적극 기여하고, 중국의 동북지역에서의 경제발전을 촉진시키는 계기가 되며, 중국이 추진하고자 하는 동북아 공동체 건설에 획기적인 계기를 제공할 것이다.

또한 통일 한국은 기존의 북한지역과 국경 경계선을 존중하고 내정 불간섭 원칙에 따라 중국 내의 소수민족 정책도 존중하게 될 것이다. 통일 이후 한·미 동맹은 통일 이후의 주변 정세에 부합되는 방향으로 위치와 역할 등이 조정될 것이다. 한·미 관계가 보다 균형적인 관계로 발전하고 한·중 군사협력 강화가 가능해져 한·중 간 군사적 신뢰·협력이 증대될 것이다. 그리고 통일 한국은 한반도의 안보위기 요인을 제거함으로써 한·미 동맹과 한·중 전략적 협력관계가 병행 발전되는 데 중요한 계기가 될 것이다.[35]

---

35) 박영호, 전게서, p.122

3. 일본

가. 영향요인

일본은 통일 한국의 동맹관계, 안보협력체제, 경제 및 군사대국으로의 부상에 관심을 가질 것으로 예상된다. 일본은 한국이 중국과 연합하여 일본에 불리한 노선을 형성하여 일본의 안보가 심각하게 위협받게 되거나, 통일 한국이 미국과의 동맹관계가 약화되어 주한미군의 감축 또는 철수가 이루어지게 되면 미·일 군사동맹 및 미국의 동반자로서의 역할을 수행하여 지역 내에서의 영향력을 확대하려는 전략에 문제가 생길 수 있고 주일미군에 대한 국내의 정치적 지지가 약화될 것을 우려할 것으로 보인다.

일본은 미국에 대한 정책에 동조하고 있지만, 미국보다는 현상유지를 더 원하고 있는 것으로 보고 있다. 일본의 남북한 정책은 이중성격을 띠고 있다. 정치·외교적으로는 남북한 간의 등거리 외교를 전개하면서 통일된 한국보다는 분단된 남북한이라는 현상유지 속에서 자국의 이익을 얻고자 한다. 안보적 관점에서 통일된 한국이 현재의 남북한 정세보다는 더 위협적일 수도 있다는 입장에서 나온 것이다. 한편, 한반도 통일이 불가피할 경우에는 급진적으로 통일이 이루어지는 것보다는 점진적으로 평화통일이 이루어지는 것을 선호하고 있고 통일 한국이 우호적인 관계에 놓이기를 바랄 것이다.

한반도가 통일이 되는 과정에서 일본은 무엇보다도 자국의 이익을 극대화하려 할 것이다. 미국과 일본은 미·일 방위협력에 의하여 상당한 수준의 군사협력 관계를 유지할 것이다. 미·일 양국은 위협에 공동으로 대처하기 위하여 역할과 임무를 분담하고, 이에 필요한 전력을 발전시키며, 관련 부대의 훈련 및 조정 문제까지 협의하는 수준에 이르렀다.[36] 일본은 중국의 눈부신 경제성장을 우려하고 있으며 지역적 영향력 강화에 주력하고 있다. 1958년 이래 방위력 증강계획을 추진해 온 일본은 막대한 국방예산을 투입하면서 자위대와 군 장비의 현대화 등을 통해 현재 세계 제3위 수준의 방위비 지출국가로 급부상하고 있다. 북한의 핵무기 개발과 장거리 미사일 개발은 일본의 군사력 강화와 핵무기 보유의 필요성에 대한 논리를 제공해주고 있다. 이러한 일본에게 통일 한국군의 출현은 바람직스럽지만은 않을 것이다.[37]

한반도 남북한 통일에 대한 일본의 기본적인 이해관계는 일본의 평화와 안정 및 번영을 저해하지 않고 일본의 국제정치적 영향력을 강화시키는 계기가 조성되는 것이다. 일본의 대(對) 한반도에 대한 관점과 정책의 중요한 고려사항은 한반도에서의 불안정성을 최소화하는 것이며, 일본의 주요 관심 사항은 한반도에서의 통일 그 자체보다는 긴장을 완화하는 데에 있다. 이러한 관점에서 볼 때 그동안의 일본 정부의 대한반도 정책은 통일을 원치 않고 있다고 볼 수 있다.

한반도 통일에 대한 일본의 기본적인 입장은 '당사자 원칙과 평화적 절차 및 방식'이라 볼 수 있는데, 공식적으로는 남한의 한반도 통일에 대한 대북 및 통일정책과 입장을 지지해 왔으며, 한국 주도의 통일을 사실상 지지해 왔다. 다만, 통일의 과정이나 통일 후에 초래될 수 있는 지역의 불안정성을 고려하여 평화 상태의 현상유지를 원하고 있는 듯하다.

---

36) 송화섭, 「미·일 동맹의 변혁과 보통 동맹화」, 『국방정책연구』 제71호(2006), pp. 5~54

37) 권양주, 전게서, p.116

일본은 한반도 통일과정이 평화적인 절차에 의해 점진적으로 이루어지는 것을 선호하고 있는 듯하며 그 추진과정은 다자 간 협력 절차를 통해 이루어져야 한다는 입장이다. 일본은, ① 통일 한국은 군축과 비핵 보장이 이루어져야 하며, ② 이를 보장하기 위한 다자협의가 필요하고, ③ 통일 한반도가 동북아지역에서 위협요소가 되지 않아야 한다는 점을 강조하고 있다. 특히 일본은 한반도의 비핵화를 중시하기 때문에 핵문제가 해결된 통일을 선호할 것이다.[38]

일본은 미국과 마찬가지로 현재와 같은 한·미·일 동맹군 체제를 선호할 것이다. 일본으로서도 친중적인 통일 한국 또는 통일 한국군은 바라지 않을 것이다. 이렇게 되면 반일 감정이 확대되고 적대적인 관계로 발전할 가능성이 높다. 일본은 전쟁 시와 같이 통일 한국군의 건설 시기에 미군이 추진하는 모든 군사적 역할에서 이익을 챙길 수 있다. 따라서 주한미군은 한·미 방위조약의 핵심이며 동북아지역 평화와 태평양 지역 전반의 평화와 안정에 기여하고 있으므로 일본으로서는 미군은 통일 이후에도 주둔해야 한다는 데에 동조하고 있는 것으로 분석되고 있다. 마지막으로 일본은 WMD 문제에 있어서도 미국과 동일한 입장 하에서 한반도에서의 비핵화를 추구할 것이다.[39]

일본은 남북한 등거리 정책을 추구함으로써 자국의 이익을 극대화하고 있다. 현재는 미국의 등 뒤에서 둥지를 틀고, 미국이 길을 트면 따라가면서 수확을 하는 정책을 추진하고 있다. 그리고 국가주의 경

---

38) 박영호, 전게서, p.118

39) 일본은 중국을 염두에 둔 역내의 군사력의 근대화, 북한 핵문제에 대해 미국과 정세인식을 공유하고 있다. 특히 북한의 핵문제는 일본인 피랍 문제와 함께 지역 차원의 공통의 전략목표 12개(세계차원의 공통의 전략 목표는 인권, WMD 문제 등 총 6개임)에 포함되어 있다. 송화섭, 전게서, pp.61~62

향과 보수성향의 정치지도자들이 여전히 일본을 지배하는 가운데 대국화를 지향하고 있다. 일본은 언제든지 핵무기 보유국, 군사 강국으로 떠오를 수 있다. 통일 한국군이 건설될 시기에 일본은 통일 한국군을 압도할 수 있는 군사력을 건설하려고 할 것이며, 강력한 통일 한국군이 건설되지 못하도록 저지하려고 할 것이다.

나. 분석

북한의 핵무기와 미사일 발사에 가장 민감한 반응을 보이고 있는 일본으로서는 자국의 안보를 보장하고 동북아의 평화와 번영을 유지하는 것이 최대 현안이다.[40) 따라서 일본은 일·미 동맹을 공고히 한 가운데 자국의 안보를 지켜내면서 자위대의 역할 확대를 통해 국가의 위상을 회복하고자 노력을 기울이고 있다. 이러한 기본방향을 기초로 일본의 동북아 정책기조는 ① 미·일 동맹 결속력 제고를 통한 일본의 국제적 위상 제고 및 역내 영향력 확대, 안보체제의 유지 및 강화 ② 북한의 핵 및 미사일 위험 대비, 한반도 안정 및 일본 방위를 위해 역내 국가들과의 공조 유지 및 미국과의 더욱 강력한 동맹 구축 ③ 중국과의 평화 및 경제적 협력 지속 하 역내 우월권 확보 추구 ④ 동북아 다자 간 안보 협력체제 구축 노력 계속 등이다.[41) 일본은 일·미 동맹을 보다 강화한 가운데 중국을 견제하면서 북핵 및 대량살상무기 위협에 대비하는 한편, 한반도 비핵화를 위해 한·미·일 3국 공조체제를 유지하기 위해 노력하는 등 기본적으로는 한국과 안보 및 경제협

---

40) 배정호, 「미·일 안전보장체제의 광역화에 따른 일본의 군사적 역할의 증대와 한반도 급변사태」, 『한국정치학회보』, 32집 1호(한국정치학회, 1998), p.36

41) 김기호, 「북한체제의 안정성과 변동에 관한 연구」, (경기대학교 박사학위 논문, 2009), p.77

력 증진을 위한 노력을 지속하고 있다.

통일 한국은 한·일 관계의 발전에 따라 등장할 것으로 예상하는 '전략적 동반자 협력' 관계의 기반 위에서 양국 간 관계 도약의 기반이 될 것이며 일본과의 긴밀한 협력으로 중국의 '수직적 동북아시아 질서'를 견제하는 역할을 수행할 것이다. 통일 한국 추진과정에서 한국·일본·중국이 중심이 되는 동북아시아 경제공동체의 획기적인 발전의 전기가 될 것이므로 통일 한국의 등장은 일본이 바라는 동북아시아 공동체를 조기에 실현하는 계기가 될 것이다.

또한 통일 한국은 동북아 지역의 비핵화를 계기로 세계평화 창출의 선도자로서 역할을 수행할 것이다. 외교·안보 면에서 통일 한국은 일본에게 가장 우호적인 국가가 될 것이고, 한반도 비핵화 추진 과정에서 일본과의 협력이 긴요하며, 이는 일본이 희망하는 동북아 비핵지대화 구현의 장이 될 것이다.

경제적인 측면에서 통일 한국이 동아시아 전역의 경제발전과 공존공영의 계기로서 일본의 '경제부흥 정책 추진'의 진정한 조력자가 될 것이며, 통일 한국과 일본은 동아시아 지역에서 첨단기술 산업의 동등한 선두주자로서의 역할을 다 할 것이다. 또한 통일 한국의 등장은 일본이 희망하는 동아시아공동체의 실현을 촉진하는 전기가 될 것이다.

역사적인 문제에 있어서 일본과의 갈등을 해결하고 새롭게 시작할 수 있는 전기를 마련할 수 있는데, 특히 일본의 관심사 중 하나인 북한으로의 일본인 납치자 문제를 근본적으로 해결될 수 있을 것이다.

사회·문화적 측면에서 한반도의 통일은 종래의 대중문화의 관심을 끌었던 한류를 남북한 전통문화와 융합한 새로운 대중문화로 발전시키는 계기가 될 것이다. 전통문화와 대중문화의 강국으로서 통일 한

국과 일본의 다양한 형태의 사회·문화적 교류는 전 세계적으로 동북
아시아 문화의 적극적 발산의 효과를 유발할 수 있다.[42)

4. 러시아

가. 영향요인

러시아의 통일 한반도에 대한 정책 기조는 기본적으로 통일 한국과
우호관계를 유지하고자 노력할 것으로 보이며, 특히 러시아가 정치적
안정과 경제 개혁의 성공적 추진으로 동북아 내에서의 지위확보와 미
국, 일본 및 중국의 영향력을 견제하기 위해 안보·정치·경제 등 여러
방면에서 통일 한국과 협력관계를 강화해 나갈 것으로 전망된다.

러시아의 대 한반도 정책기조는 과거와 같은 미·러 양강 체제를 갖
추기 위해 국제 정치적 차원에서 균형자의 역할을 적극적으로 하고자
할 것이다. 이미 푸틴은 2012년 2월 말 러시아 국내신문의 기고문을
통해 러시아의 대외정책 기조를 밝힌 바 있는데, 여기서 시리아 사태
와 이란 핵문제에 관하여 미국과 서방에 대응하여 강력하게 맞서겠다
는 의사를 표명했다. 시리아에는 러시아의 해군기지가, 이란과는 긴
밀한 경제·군사 협력 관계를 맺고 있다. 푸틴은 중국의 정치·경제적
인 최근 국제적 위상을 높이 평가하는 한편 국제질서에 대한 입장도
견해가 일치한다는 점을 강조하면서, 중·러 협력관계의 강화를 강조
하고 있다. 러시아의 대외정책 기조는 미국을 비롯한 서방국 주도의
세계질서체제에 강력히 반대하면서 러시아의 전략적 이해관계에 대해
서는 중국과 협력하여 분명히 대응하겠다는 것으로 집약될 수 있다.

러시아는 기본적으로 한반도에서 남북한이 평화적으로 통일되고,

---

42) 박영호, 전게서, p.123

통일 한국이 러시아에 대하여 우호적인 관계를 유지한다면 이를 지지할 수 있다는 입장을 가지고 있는 듯하며, 통일과정에서 러시아는 통일 한국과의 우호적인 관계를 위해 적극적 관여가 예상된다.

러시아는 현 상황에서 한반도의 평화통일을 기대하기 쉽지 않다고 보고, 미국이 주도하는 한국의 북한 흡수통일보다는 현재와 같은 남북한 분단 상태를 선호할 것이다. 러시아는 친미성향을 띤 통일 한국의 등장은 새로운 '동방의 NATO'가 형성될 것으로 볼 것이며, 특히 러시아는 한반도와의 접경지역을 자국의 영향권(sphere of influence)으로 전제하면서 친미 성향의 통일 한국이 등장하는 것을 견제하고자 할 것이다.

통일 시기와 관련하여 러시아는 한반도의 통일은 장기간이 소요될 것으로 보고 있으나 국제질서가 다극체제로 전환되어가는 과정에서 남북한 통일의 가능성도 열려 있는 것으로 전망하고 있다. 통일의 방식으로는 한국에 의한 흡수통일을 가장 가능한 시나리오로 보는 견해가 있으나 다른 견해도 존재한다.[43]

러시아는 한반도 통일에 대하여 중국과 일본의 모호한 태도와는 달리 통일된 한반도는 자국의 이익에 도움이 될 것으로 보고 있다. 러시아 겐나디 추프린(Gennady Chufrin)은 역사적 경험을 통해 볼 때 "통일된 한반도는 우리와 가까울 것이고 이는 일본에 대한 우리의 협상력을 높여 줄 것이다"[44]라고 말했다. 그리고 러시아 동방학연구소의 유리 바닌(Yu Vanin)은 남북한은 주변국에 신경 쓰지 말고 교류와 협력을 통해 통일을 해야 하며, 주변국들은 남북한 통일의 저해요인이

---

43) 박영호, 전게서, p.118

44) Seling S. Harrison, Korean Endgame: *A Strategy for Reunification and U.S Disengagement (Princeton University Press, 2002)*, p.354

되어서는 안 된다고 주장하고 있다. 통일과정에 대해서는 김정은 정권이 붕괴되어 급속히 일방적으로 통합되는 것보다는 점진적인 변화 속에서 남북한이 협의를 통해 평화적으로 이루어지기를 희망하고 있는 것으로 보고 있다.

러시아는 남한과는 경제적 실리를, 북한과는 정치적 관계를 유지하고 있는 러시아의 대 한반도 정책을 고려해 볼 때, 남북한의 통일에 대하여 다음과 같은 입장을 취할 것으로 판단된다.

첫째, 러시아도 다른 국가와 마찬가지로 통일 한국군이 어느 한 국가에 편중되는 것보다는 최소한 중립적인 관계를 유지하기를 희망할 것이다. 러시아는 통일된 한반도가 미국이나 중국 등의 특정 국가의 세력권하에 들어가지 못하도록 저지하는 한편, 이 지역의 평화와 안정을 위해 개입정책(engagement policy)을 추진할 것이다.[45]

둘째, 위와 같은 새로운 관계가 설정되는 상황에서 통일 한국군과의 교류 확대를 추진할 것으로 예상된다. 사실상 한국군은 구소련의 색깔을 지니고 있는 러시아와 국경은 물론, 이들 군과 교류를 해야 하는 상황을 맞이할 것으로 예상한다.

마지막으로 러시아 또한 WMD 문제의 해소에는 국제사회의 입장에 호응[46]할 것이다. 다른 국가에 비교하여 러시아는 통일 한국이 정치 및 경제적으로 러시아와 긴밀한 관계를 유지하는 한, 헤게모니 차원에서 통일을 방해하지는 않을 것으로 분석된다.

나. 분석

러시아는 냉전시기에 미국과 함께 한반도 주변의 주요 세력이었으

---

45) 외교안보연구원, 『중기 국제정세 전망 2008~2013』, p.93
46) 송화섭, 「미·일 동맹의 변혁과 보통 동맹화」, pp.41~43

나, 탈냉전 이후 중국이나 일본보다 미약한 존재로 남게 되었다.[47) 그러나 한·미 동맹과 미·일 동맹을 인정하면서도 한반도 상황변화 시 자국의 이익을 극대화하면서 다가오는 위협이나 손실을 최소화하기 위해 노력할 것이다. 이와 관련하여 러시아의 대외 및 동북아 정책기조는 ① 경제적 실익 확보와 국제적 위상 제고를 위한 실용주의적 외교노선 견지 ② 미국의 일방주의 견제를 위해 역내 국가들과의 협력 강화 ③ APEC 등 다양한 국제기구 참여를 통한 동북아 연계기반 강화 ④ 시베리아 극동지역 개발을 위한 관련 국가들과의 경제 통상협력 증진 ⑤ 북핵문제의 평화적 해결을 위한 역내 국가들과의 협력 ⑥ 에너지 및 부존자원을 활용한 동북아 영향력 확대 추진 등이다.[48)

이러한 대외 및 동북아 정책기조를 바탕으로 러시아의 대 한반도 정책은, ① 한반도 비핵화와 북핵문제의 평화적 해결을 위한 6자회담 참여 ② 한국과의 경제교류를 통한 실익 추구 ③ 북한에 대한 영향력 복원 및 한반도에 대한 영향력 확보 등으로 정리할 수 있다.[49) 러시아는 국내외 정치안정과 국내 경제발전을 도모하기 위해 한반도의 평화와 안정을 위한 남북한 간의 대화를 적극 권장하고 북한의 개혁·개방을 유도하기 위한 노력을 기울이고 있다. 러시아는 큰 틀에서 보면 한반도 통일에 대하여 비교적 긍정적인 입장을 취할 수 있는 우호적인 인접 국가로서 전략적 접근 노력이 요구된다.

남북한 통일은 한반도의 안정 유지, 북한 핵 실험 및 대량살상무기

47) 정임재, 「북한 급변사태와 한국의 대응방안에 관한 연구」, (석사학위 논문, 국방대학교, 2007), p.37

48) 김기호, 전게서, p.78

49) 조승훈, 「북한급변사태 발생요인과 한국의 대응전략에 관한 연구」, (경희대학교 석사학위 논문, 2011), p.73

제거, 유라시아 지역 연결의 중심국가, 러시아 극동지역에서 아·태경제권 편입과 동시베리아·극동지역 개발의 본격 추진 등 러시아에게 상당한 이득을 가져다줄 것이다. 통일 한국은 러시아의 한반도 접경지역에서의 러시아의 국가이익을 존중하면서 새로운 발전의 디딤돌역할을 하게 될 것이며, 러시아 극동지역 경제 도약의 중요한 계기가될 것이다. 시베리아 유전과 지하자원 개발, 유라시아 연결 철도와 가스관, 수송망 등 개발의 본격화로 러시아의 국가 경제발전에 상당 부분 기여할 수 있을 것이다.

러시아가 국가목표로 추진 중인 현대화 등을 성공적으로 실현하기 위해서는 우호적인 대외환경과 협력 관계 조성이 필수적이며, 극동지역에서 국경을 접하고 있는 한반도와의 안정적인 관계도 매우 중요하다. 남북통일은 러시아와의 국경 지역의 잠재적 분쟁지역이 안정화됨으로써 러시아는 국가목표 달성에 더욱 안정적으로 집중할 수 있다. 또한 한반도 통일을 계기로 TSR(Trains Siberian Railway)-TKR(Trans Korea Railway)

연결이 자연스럽게 실행되면서 러시아 유라시아의 주요 도시들을 연결(부산-서울-원산-하바로프스크-시베리아-모스크바-프라하-프랑크푸르트-파리)해주는 허브국가로 부상할 수 있다. 이를 통해 유럽과 동아시아 지역 간에 인적, 물적 이동이 대폭 증가하면서 경제 부흥의 중요한 계기가될 것으로 예상한다. 러시아 정부는 오래전부터 동시베리아와 극동지역의 개발 필요성을 절감하고 있으나 자본과 기술, 노동력, 투자의 부족 등으로 본격적인 개발을 하지 못하고 있는 상황이어서 한반도 통일은 이 지역의 개발을 본격화하는 가능성을 열어 줄 것이다.[50]

---

50) 박영호, 전게서, p.124

제 **4** 장

북한의 급변사태와
절충형 흡수통합

북한의 급변사태 가능성에 대해서는 의견이 분분하지만, 북한에 급
변사태가 발생했을 때 어떻게 대비해야 하며, 이를 어떻게 통일의 기
회로 발전시켜 나가야 할 것인가는 구체적으로 연구하고 준비해야 할
과제일 것이다.

이 장에서는 군사통합 제유형의 장·단점, 독일·베트남·예멘의 군사
통합 사례분석, 남북한의 군사실태 및 주변국의 영향요인 분석내용을
기초로 하여 예상되는 북한의 급변사태 유형과 구체적인 양상을 분석
해 보고, 급변사태 시 절충형 흡수통합 방안이 한반도 상황에서 왜 가
장 적합한지를 규명한 후, 절충형 흡수통합 방안의 구체적인 적용 절
차를 제시하였다. 또한 이러한 절충형 흡수통합 방안을 시행할 경우
예상되는 문제점과 후유증을 통일 과정과 통일 이후로 구분하여 도출
하였으며, 이를 적용하기 위한 상황적 여건을 어떻게 마련해 나갈 것
인가에 대하여 분석하고자 한다.

제1절 예상되는 북한의 급변사태

북한은 2006년 7월에 장거리 미사일을 발사하고, 같은 해 10월 1차 핵실험을 강행한 후 강성대국의 여명이 밝아오고 있다며 주민들을 선동하며 체제 결속을 강화해 왔다. 그리고 핵실험 이후 북한은 2·13 핵 합의 조치를 이행하는 과정에서 국제사회로부터 외교적 압박과 함께 국내적으로 매우 심각한 경제난과 에너지난을 겪으면서 체제위기를 돌파하기 위하여 다양한 조치를 취해왔다. 김정일 사망 후 김정은 3대 세습체제로 전환되면서 연착륙하였다고 보이나 여전히 핵실험과 관련하여 국제적인 압박과 불안정 요인, 국내적 식량난 등의 불안요인이 잠재되어 있고 최근 발생한 장성택 일행 숙청과 관련하여 내부적인 권력의 동요와 갈등 등 대내외적 생존여건 악화의 장기화 속에서 주민들의 동요와 권력 내부 균열 및 갈등의 가능성을 배제하기 어려운 상황으로 보인다.

김정은으로의 권력 이양이 순조롭게 진행되었다 하더라도, 북한의 전반적인 상황은 김정일 통치 시기보다 더 악화되었다고 볼 수 있다. 내외적 불안요인이 과거에 비해 더 심화되어 있고, 권력의 안정성 역시 아직은 공고하다고 말하기 어렵기 때문이다. 이러한 상황을 극복하기 위해서는 국가 시책 차원에서 일대 전환이 필요하나, 김정은 통치방식에서 아직은 이렇다 할 차별점이 보이지 않고 있다. 내부에서 개혁 개방 정책을 과감하게 시도하거나, 핵무기 보유국 지위를 내려놓거나, 아니면 남북한 관계에서 화해국면을 조성하는 등 상황을 급전시킬 방책이 없는 것은 아니지만 이런 방향으로의 선회를 강구하지 못하고 있는 듯하다. 이러한 여건은 북한 내부에서 급변사태가 발생할 여지를 높인다고 분석된다.

〈표 4-1〉 북한 급변사태 유형

구 분	급변사태의 유형
미 국방부	① 위로부터 정변 : 군부 쿠데타, 김정일 암살, 반란, 내란 ② 아래로부터 폭동 : 일부 지역의 주민폭동이 전 지역으로 급속히 확산
주한 미 대사관	① 궁정 혁명 후 체제개혁 추진 ② 군사반란 후 권위주의 정부 수립, 제한된 개혁 추진 ③ 기본적 서비스 제공 불능으로 인한 체제 붕괴 ④ 대남 무력 도발 또는 전면남침
미 CIA	① 대남 침공 ② 경제난으로 자체 붕괴 ③ 한국과의 평화적 해결 또는 통일 모색
미 육군참모대학	① 쿠데타 후 신정부가 남한과 통일 협상 ② 내란으로 인한 혼란 ③ 내부적 와해로 인한 혼란 ④ 김정일의 계획 추진과 대남 협상
러시아 현대 국제 문제연구소	① 급속한 개혁·개방 체제 붕괴 및 남한에 흡수 통일 ② 현 폐쇄 체제 고수 ③ 점진적 개혁·개방, 평화 공존 실현
한미연합사령부	① 자원고갈 → ② 배분의 차별화 → ③ 국지적 독자 행동 → ④ 억압 → ⑤ 저항 → ⑥ 분열 → ⑦ 지도층의 재편 ※ 7단계로 진행
일본방위청	① 정부의 기본적 서비스 제공 불능 상태 → ② 정부의 주민통제 불능 상태 → ③ 정권타도 단계 ※ 3단계로 진행

북한에서 급변사태가 일어난다면 어떠한 형태로 발생하며 어떠한 양상으로 전개될 것인가에 관한 예측은 이미 많은 연구를 통하여 제시되어 있다. 특히 1990년대 중반 상황에서 각급 기관과 연구소에서 제시된 북한 급변사태 시나리오가 많이 제시되었는데, 이를 정리하면

위의 〈표 4-1〉과 같다.

급변사태의 처음 시작은 단순한 촉발요인에 의해서 발생되나 상황이 전개되면서 여러 잠재요인들이 동시다발적으로 복합작용을 일으키면서 상호 작용할 가능성이 높다고 보인다. 그동안 국내 학자들에 의해 제시된 연구결과[1]와 위에서 제시한 각급 기관과 연구소의 연구결과를 종합하면, 북한 내부의 급변사태는 다음과 같이 몇 가지 유형과 양상으로 전개된다고 볼 수 있다.

첫째는 쿠데타 및 내전 발생이다. 국가의 주요한 정책 조정을 둘러싸고 노동당과 군 내부의 노선 경쟁으로 인한 갈등이 심화되면서 쿠데타 및 내전이 발생할 수 있다. 북한의 권력집단은 혁명 제1세대, 혁명 제2세대, 실무형 관료집단, 혁명 후손 집단으로 구성되어 있으며 김정일, 김정은과 강력한 유대관계를 이루고 있어서 응집력은 매우 강한 편이나 북한지역에서 급변사태가 발생하여 정치·사회적 불안요소가 급속히 증폭될 경우에 권력집단 내 일부 세습 불만 세력인 일부 당원과 군부가 결합하여 쿠데타를 일으킬 수 있을 것이다.

또한 북한 내 반체제, 반 김정은 성향을 가진 정치세력이 군부와 연계하여 체제수호 목적으로 위로부터의 쿠데타를 일으키거나[2] 주요 정책 결정 과정이나 식량난 악화 등 주요 정책적 이슈의 해결과정에

---

1) 구종서 외 5명(1996), 유승경(1997), 한용섭(1997), 서진경(1997), 신진(1999), 윤덕민(1999), 소치형(2001), 박원곤(2006), 정경영(2009), 백승주(2009), 이기동(2009), 김기호(2009)

2) 송영대, 북한의 내구력-정밀분석, 북한, 언제까지 버틸 수 있나, 『제3회 서울신문 국제포럼』, (서울: 서울신문사, 1997. 9), p.129, 탈북자들의 증언에 의하면 1992년 푸룬제 군사학교 출신 장교들의 쿠데타 시도, 1995년 6군단 사건, 1995년 강계군사학교 김정일 암살 모의사건 등이 발생하였다. 일본 주간지 사피오도 1997년 6월 25일 자에서 90년 3월 이후 북한에서 발생한 김정일 암살미수사건과 같은 반체제 사건이 24건에 달했다고 보도하였다.

서 지도층에 내분이 일어날 경우 사태수습 차원에서 당원 일부와 군부가 결탁하여 쿠데타를 일으킬 수도 있다. 특히 폐쇄적 사회를 오랫동안 지속해 온 부작용이 심화되면 지도층 내부에서 국가시책 방향을 놓고 갈등이 빚어질 여지는 크다고 본다.

1차적으로 북한 내부에서 불안정 요인이 증가됨에 따라 반 김정은 세력이 군부와 결탁하여 군사 쿠데타를 일으키고, 2차적으로 주민폭동·탈북사태가 전국적으로 확산되면서 유혈사태가 발생하여 북한 김정은 체제가 통제 불능 상태에 빠져들게 되며, 3차적으로 김정은은 통치력을 상실하고 망명을 시도하거나 아니면 최고 권력자의 위치에서 실각될 수도 있다. 김정은이 망명 또는 실각하게 될 경우에 군부 중심의 집단지도체제 또는 특정 인물이 과도적으로 정권을 장악하게 될 수 있는데 대내 통제 및 내부 치안에 실패함으로써 여러 계층과 집단 간 알력과 혼란이 가중되어 북한 체제가 전체적으로 총체적 통제 불능 상태에 빠지는 상황으로 전개될 수 있다.

둘째는 북한 주민들의 봉기로 유혈 사태가 발생하는 것이다. 북한 체제가 주민들의 일상을 일일이 통제하고 있지만, 식량난 등 극심한 생활고가 지속되면서 유민이 발생하고 유언비어가 확산될 경우 주민들의 동요가 발생할 가능성은 잠재되어 있다고 보인다. 이 양상은 최초 소규모의 시위로 표출되다가 무력진압 과정에서 인명 피해나 인권유린 행위들이 수반될 경우 주민소요나 무장봉기가 전 지역으로 확산되면서 대규모의 폭동사태로 진전될 수 있고 이러한 과정에서 대규모의 탈북 및 망명사태로 이어질 수도 있다.

북한은 그동안 장기적으로 악화 되어온 경제난 및 식량 문제와 체제불만에 따른 사회 통제력 이완 문제를 현재와 같은 폐쇄된 상태에서는 해결할 수 없으며, 북한 주민의 불만이 고조되어 더 이상 통제하기 곤란하다고 판단될 경우 제한된 개혁·개방을 추진하게 될 것이다.[3] 이 과정에서 자본주의 시장경제체제가 북한 주민들에게 점차 스며들게 되고, 북한 주민은 개혁·개방을 요구하게 되나 더 이상의 개방은 북한체제의 약화를 초래할 수 있다는 판단하에 김정은 추종자들은 주민통제를 강화하게 될 것이다. 이에 일부 개혁을 주도하는 신지식인층을 중심으로 주민들의 동요와 소요가 발생하게 되며 북한 정권은 주민들에 대하여 유혈진압을 하게 되고 점차 사태가 악화되면 무정부 상태에 이르게 될 것이다.

셋째는 대량 탈북과 난민 발생 사태이다. 북한은 식량 문제와 경제난 등이 악화되면서 대량 탈북자와 난민이 발생할 것이며, 대규모 주민들의 폭동이나 탈북 사태를 무력으로 진압하는 과정에서 대규모 유혈사태가 발생하면서 동시에 대량 탈북과 난민이 발생할 것이다. 탈출 방법[4]으로는 남북한 군사분계선 월경 또는 중·러 등의 제3국 국경선을 월경하거나, NLL 월선, 동·서해 공해상을 통한 중·러 등 제3국으로 탈출하는 경우와 항공기를 이용하여 군사분계선을 넘어오거나 우회하여 남한으로 오는 경우와 중·러 등 제3국으로 탈출하는 경우이다. 탈북 유형[5]으로는 먼저, 정치적 탈북으로 권력기반의 약화와 주민들의 체제 불만 증가에 따른 반김 세력이 쿠데타나 정변 등을 시도하고 실패하여 처형을 모면하고자 집단으로 탈북하는 경우이다.

3) 안보국방관계 특별학술회의, 『북한의 급변사태와 한반도 안보』, (서울 : 한국정치학회, 1997).

4) 김기호, 전게서, p.105

5) 윤문현(2009), 「북한 급변사태 시 우리의 대외적 대응방안에 대한 연구」, 『주요 국제문제분석』, (외교안보연구원, 1999)

쿠데타나 정변이 발생할 경우에는 국경지역이 봉쇄될 수 있으므로 집단 탈북이 용이하지 않을 수 있으나, 중국·러시아의 지원이 있거나 군부의 세력을 동반했을 때에는 집단 월경도 가능할 것이다. 보다 가능성이 높은 탈북사태는 생계형 탈북이다. 장기화된 생활고와 폭증하는 사회 혼란, 악성 루머 및 전염병 등에 불안해진 주민들이 통제력이 약화된 틈을 이용하여 생존을 위해 중국과의 국경 지역으로 대규모 탈북을 감행하는 것이다. 탈북자 문제 관련 주요 쟁점 중의 하나가 탈북자 규모이다. 탈북이 은밀하게 이루어지고 탈북 후 중국이나 제3국 등지에서 머무르고 있는 탈북자들이 불법 체류자로서의 신분 노출을 꺼려하면서 철저히 은신해 있기 때문에 정확한 규모를 판단하기는 어렵다.

현시점에서 탈북자의 규모는 5~10만 명 정도로 보이는데, 2003년 초 유엔고등판무관실(UNHCR)에서도 탈북자의 규모를 10만여 명으로 추정한 바 있고, 2008년에 국제사면위원회(Amnesty International)도 중국 내의 탈북자 수를 대략 5만 명 정도로 추정하였다. 탈북자들이 중국 등 러시아와 몽골, 동남아시아 지역에 흩어져 활동하고 있다는 점을 감안할 때 전체 탈북자의 수는 적어도 5만 명 정도를 상회하는 것으로 추정하는 것이 타당하다.[6] 향후 북한 경제가 더 악화되고, 주민들의 생활이 갈수록 어려워지면 지상이나 해상으로의 집단 탈출 시도는 현실화될 수 있다. 기획형 탈북도 있을 수 있다. 국내외 많은 국제인권단체나 NGO 등이 북한의 인권침해 실상과 주민들의 열악한 생활환경에 문제를 제기하고 있다. 이들이 인권 및 생존권 보장을 명분으로 대규모 기획탈북을 추진하여 주민들의 집단 탈북을 유도할 수도

---

6) 민병천, 「북한주장 무엇이 문제인가?」, (사단법인 북한연구소, 2008), p.159

있다.[7]

북한지역 급변사태는 이미 시작되었다고 볼 수 있다. 생계형 탈북자가 발생한 지 오래되었고, 정치적 목적의 탈북자도 증가하는 추세를 보이고 있다. 이러한 징후는 국가체제가 붕괴하는 초기단계로 간주될 수 있으며, 정권 이양이 세습방식으로 진행되면서 정권안보가 더 취약한 국면으로 빠져들고 있다. 그렇다면 북한지역 급변사태의 제2, 제3단계는 아무도 예측하지 못한 시기에 급속도로 진행될 가능성이 있다고 예상된다. 겉으로는 정치·사회적 안정성을 유지하고 있는 것처럼 보이지만 사회적 일탈의 증가, 국제사회로부터의 고립심화, 권력투쟁 징후, 경제상황 악화 등 국가체제 유지를 위한 기본적 요건 측면에서 이미 북한은 정상수준을 크게 이탈하고 있기 때문이다.

---

7) 조승훈, 전게서, p.54

제2절 절충형 흡수통합

　현재까지 통일을 이룬 독일·예멘·베트남 국가들의 군사통합 사례를 보면 각기 다른 방식으로 군사적 통합이 이루어진 것을 알 수 있다. 독일의 경우 합의에 의해서 군사적 통합이 이루어졌다. 예멘은 처음에는 평화적 합의와 절차에 의해 대등한 입장에서 군대를 외형적으로 통합하였지만, 갈등이 발생하여 남북예멘 간에 다시 내전을 치르고 전쟁에서 승리한 북예멘의 주도로 일방적으로 통합이 이루어졌으며, 베트남은 전쟁을 통하여 강제적으로 통합을 하였다. 분단국가의 통일 사례 분석의 결과를 보면 어떤 경우이든 같은 방식으로 이루어진 것이 아니라 서로 상이한 방식과 과정으로 추진되었다는 사실을 알 수 있다. 따라서 한반도의 경우에도 일반여건과 특수한 조건이 결합하여 독특한 방식의 통합모델이 상정되어야 한다는 것을 추론할 수 있다.

　급변사태가 발생하여 남북한이 통일을 이룬다면 군사통합 문제도 통일방식에 따라 여러 가지 형태의 통합유형을 상정해야 한다. 앞의 제2장 2절 군사통합의 유형에서 분석한 것처럼 통합의 유형을 양국 간의 합의 여부와 통합방식(흡수 또는 대등)에 따라 강제적 흡수통합과 합의적 흡수통합, 절충형 흡수통합, 절충형 대등통합, 합의적 대등통합의 5가지 군사통합유형으로 구분해볼 수 있다. 그렇다면 북한지역에 급변사태가 발생하였을 때 어떠한 군사통합유형이 적용 가능하며 가장 실질적이고 효과적일까?

우선 강제적 흡수통합은 베트남과 예멘의 2차 통합 사례와 같이 전쟁을 통하여 승패가 결정됨으로써 승자가 패자를 일방적으로 흡수통합하는 방안이다. 흡수통합되는 피통합국의 군은 강제적으로 무장이 해제되고 승자국의 군제로 일방적으로 이루어지게 된다. 따라서 부대는 해체되고, 병력은 강제적으로 전역되며, 장비 및 시설 등의 자산도 몰수됨과 아울러 통합주도국의 자의적 판단에 의해서 활용된다. 북한의 급변사태 시 이와 같은 강제적 흡수통합 방식이 적용될 수 있다. 북한지역의 혼란과 무질서, 군사력의 급격한 저하 및 지휘체계 이완 등의 상황을 이용하여 북한지역으로 군사작전을 실시하여 무력으로 점령함으로써 통일과 군사통합을 달성할 수 있다. 이러한 방식은 현재 군에서 계획하고 있는 작전계획의 시행을 통하여 달성되며, 군사통합 달성 후 내부에서 문제가 발생할 여지는 가장 적다고 볼 수 있다. 그러나 일방적인 군사공격작전 시행으로 국제적인 이미지가 부정적으로 흐르는 것에 대하여 남북한 간에 막대한 피해와 손실을 수반하므로 결코 바람직한 방안이라고 보기는 어렵다.

합의적 흡수통합은 독일 통일의 사례와 같이 남북한 상호 평화적인 합의를 통하여 주도국이 흡수통합하는 방안이다. 이 방안은 쌍방의 국가통제 및 군 통수기능이 작동하여 협상 주체가 있는 상태에서 협상 주체 간 합의에 의해서 통합이 이루어지는 방안이다. 통일과 군사통합의 과정과 전반적인 절차가 평화적으로 이루어짐으로 통합에 따른 갈등과 후유증이 최소화될 수 있다. 피통합군은 무장이 해제되고 주도국 군제중심으로 통합이 이루어지며, 피통합군에 대한 보상도 이루어질 수 있다. 이 방안은 합의 결과에 따라 다양한 형태로 나타날 수 있는데 첫 번째로 피통합국 군 병력에서 통일된 이후에 군에 잔류할 병력규모를 합의할 수도 있고, 두 번째는 통합 주도국에서 통합 초기의 필요한 최소 인원만 받아들일 수 있으며, 세 번째로 병력은 전원 전역시키되 전역에 따른 연금과 보상금만을 지급할 수도 있다. 이와 같이 합의적 흡수통합은 평화적 절차에 의해서 남북한 서로가 피해나 손실 없이 통일과 군사통합을 이루어낼 수 있다는 측면에서 가장 바람직하고 이상적인 군사통합 방안이다. 그러므로 여건이 허락하는 한 합의적 흡수통합 방식으로 통합을 추진할 필요가 있다.

독일 통일 시에 동독이 경제적 어려움으로 혼란이 가중되면서 급변 사태 상황으로 빠져들었을 때 당시 서독의 노력으로 동독과 합의에 의한 흡수통일을 이루어낼 수 있었다. 남북한도 이와 같은 사례를 면밀히 조사하고, 그 교훈을 도출하여 정책방안에 포함시키는 것이 바람직하다. 이 부분에 대해서는 이미 연구된 보고서들이 많이 축적되어 있다. 문제는 국가차원에서 준비되는 한반도 통일 혹은 통합방안에 이러한 교훈들이 실제로 반영되어 있는지의 여부이다.

다음은 대등통합의 유형으로 절충형 대등통합과 합의적 대등통합이 있다. 대등통합의 유형은 평화적 절차와 방법으로 통합이 이루어진다는 점에서 바람직한 방안이나 제2장에서 살펴본 것처럼 통합 후의 후유증과 문제점이 심각하게 나타나서 통합이 무산되거나 극심한 혼란이 발생하여 다시 양분되는 상황이 나타날 수 있다. 따라서 쌍방 간의 장기적인 상호노력이 보장되지 않는 한 군사통합을 완전하게 달성하기에는 어려운 방안이라 할 수 있다. 따라서 북한지역 급변사태 시 절충형 대등통합이나 합의적 대등통합은 선택의 우선순위가 떨어진다고 볼 수 있다.

　절충형 흡수통합은 우호세력과 동조세력들과는 합의를 이루어 흡수통합을 이루어 나가고, 그 세력과 전력을 이용하여 반대하거나 저항하는 세력들을 합의·설득·무장해제 등의 방법으로 통합 해나가는 방법이다. 다시 말하면 북한 내에 급변사태가 발생하면 기존 체제를 유지하고 있던 김정은을 중심으로 한 세력과 현 북한 체제에 반기를 들고 이를 전복하려는 세력 간에 갈등이 커져서, 결국 내전상태에 들어가게 되는 양상일 때에 적용할 수 있는 군사통합 방안이다. 급변사태 시 체제유지 세력과 반체제 전복세력으로 양분될 수 있고, 경우에 따라서는 노선이 다른 여러 세력으로 나뉘어 내전을 치르는 양상이 될 수도 있다. 이 경우에는 각 세력과 집단들이 추구하는 이념과 그들의 노선, 목표들을 잘 분석하여 우리 남한과의 우호 세력과 비 우호세력을 정확히 구분한다. 그런 후 노선과 이념이 유사한 우호세력들에 대해 긴밀한 협상과 협조를 통하여 그들이 세력을 확장할 수 있도록 가용수단과 물자를 적극 지원한다. 그 후 확장된 세력으로 비 우호세력들을 압박하고 우호세력과는 합의과정을 거쳐 흡수통합에 이르게 한다.

　이때 비우호세력인 기존 북한식 체제 고수세력에게는 설득과 협상 제의 등의 과정을 통해 우호세력화 되도록 유인하고, 평화적 흡수통합의 방식으로 최대한 유도해 나가야 한다. 이러한 노력에도 불구하고 합의가 이루어지지 않을 때에는 결국 강제적인 방식으로 군사작전을 통하여 무장해제 등의 절차를 거쳐 흡수통합에 이르게 된다. 절충형 흡수통합 방식은 비우호세력에 대하여 군사작전을 실시하게 되는데 이러한 무장해제 과정에서 피해가 발생할 가능성이 많으므로 최선의 방식은 아니라고 본다. 그러나 북한지역 급변사태 시 김일성 - 김정일 - 김정은으로 이어지는 3대 세습체제의 공고함과 사회주의 체제를 유지하려는 기존 집권 세력들의 끈질긴 저항 등을 고려할 때 절충형 흡수통합 방안이 남북한 통일과 군사통합을 동시에 달성할 수 있는 가장 현실적인 방안이라고 볼 수 있다.

절충형 흡수통합의 장점은 첫째로 적용 가능성이 가장 높다는 것이다. 가장 이상적인 방안은 평화적이고 단계적으로 이루어지는 합의적 흡수통합이라 할 수 있다. 이는 북한의 김정은 정권이 그 체제를 유지하기 어렵다고 스스로 자인할 경우, 완전히 붕괴되어 체제 유지나 통제 능력을 상실했을 때 가능한 방안으로서 현 한반도 상황에서는 이를 기대하기란 쉽지 않다. 김정은 3대 세습체제의 공고함과 최후의 저항 상황을 고려할 때 절충형 흡수통합 방안이 가장 가능성이 높은 실질적인 대안이라 할 수 있다. 즉 최선의 방안은 아니지만, 적용 가능성 측면에서는 가장 현실적인 방안인 것이다.

둘째는 통합과정에서 피해와 손실을 비교적 최소화할 수 있다는 것이다. 협상전략에 따라 북한 체제 고수 세력과 평화적 합의에 도달할 수 있는 가능성이 열려 있다고 본다면 혼란을 더욱 최소화할 수 있다. 또한 체제 유지 세력과 협상이 이루어지지 않는다 하더라도 절충형 흡수통합 방안의 순차적이고 전략적인 시행 절차를 통하여 그 피해와 손실을 최소화할 수 있다. 피해 규모를 줄여야 한다는 측면은 한반도 안보 상황을 고려할 때 결코 간과할 수 없는 중요한 의미를 가진다. 한국이 과거 서독처럼 경제적 여력이 크지 않고, 북한지역 역시 과거의 동독만큼의 경제력을 보유하고 있지도 않기 때문이다.

셋째는 군사통합 후 후유증이나 혼란을 비교적 최소화할 수 있다. 궁극적으로 군사작전 시행 과정을 통하여 통합이 이루어지기 때문에 후유증이 발생할 수 있으나, 이를 사전에 충분히 고려하고 준비하여 시행한다면 이를 최소화할 수 있으며, 통합 후에도 혼란을 최소화한 가운데 군사통합을 완전하게 이루어 내는 방안이다.

　이러한 장점에 비하여 마지막까지 저항하는 북한체제 유지 세력에 대하여 군사작전을 시행해야 하므로, 시행 여부 결정 시 이해 당사국인 주변국들의 부정적 반응을 극복해야 하고, 전투 행위 과정에서 인명 손실과 재산 피해, 인권 유린 등의 문제가 발생할 수 있는 단점도 있다. 절충형 흡수통합의 절차를 도식화하면 다음과 같다.

〈그림 4-1〉 절충형 흡수통합

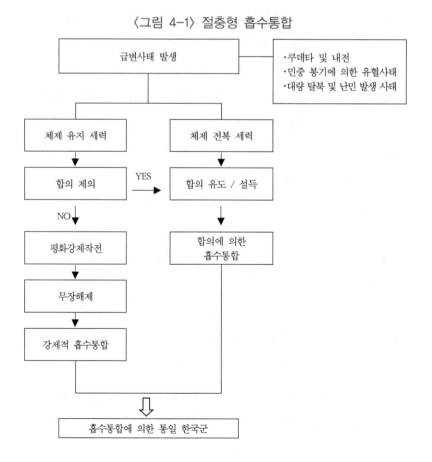

절충형 흡수통합의 구체적인 시행 절차는 급변사태 발생 시 남한에 우호적이면서 북한의 체제를 전복하려는 세력에 대해 다양한 채널과 방식으로 합의와 설득을 유도하고 세력 확장을 위하여 적극 지원해야 한다. 북한식 체제를 고집하며 이를 유지하려는 세력에 대해 다양한 절차와 방식으로 접근하여 합의에 성공하면, 합의에 의한 흡수통합의 절차를 시행한다. 반대로 합의에 실패하면 국제적 동의와 합의하에 통합을 위한 군사작전, 즉 평화강제작전을 시행하여 피해와 손실을 최소화하는 가운데 저항하는 세력을 무장해제 시키면서 강제적으로 시행함으로써 궁극적으로 흡수통합에 의한 군사통합을 달성하는 것이다.

절충형 흡수통합을 추진함에 있어 병력 규모의 큰 차이를 보이는 두 군대를 하나로 통합하는 것은 쉽지 않은 일이다. 사전에 충분한 논의와 준비가 필요하다. 남북한 병력규모는 2012년 남한이 64만, 북한이 119만 명으로서 약 1.8배 정도 북한이 많고, 무기체계 및 장비 등은 서로 다르며 그 규모도 상당한 차이가 있다. 이러한 두 군대를 하나의 군대로 통합하기 위해서는 통일 한국군의 이념과 사명, 국방정책 목표와 군사전략을 분명히 수립하고, 주변국의 외부 위협과 내부적 위협 등을 종합적으로 판단하여 국가를 방위하고, 세계평화에 기여할 수 있는 통일 한국군으로 역할과 기능을 충실히 수행할 수 있도록 통합을 추진해 나가야 한다.

적정수준의 병력 규모를 재설정하고 잉여 병력은 감축과 전역 조치 등을 통하여 사회에 환원되어야 하며, 무기와 장비 등도 통일군의 임무와 역할 수행에 부합되도록 무기 체계와 보유량 등을 재판단하여 보유할 무기 및 장비와 도태시킬 무기 및 장비, 탄약 등을 판단하여 단계적으로 조치해 나가야 한다. 각종 군사시설도 활용 적정여부를 판단하여 활용가치가 떨어지는 시설은 과감하게 민간 목적으로 전환하고 활용할 시설은 재정비하여 효율성을 높여야 할 것이다.

또한 북한 급변사태 시 주변 4대강국은 국가 이익에 따라 적극 개입하고 실질적인 압력행사를 시행할 것으로 보인다. 먼저, 미국은 북한 지역의 급변사태에 대하여 가장 깊은 관심을 가지고 있는 국가로서, 대량살상무기, 특히 핵무기 처리에 가장 큰 관심을 두고 개입할 것이며, 동아시아와 한반도에 대한 미국의 전략적 국가이익을 강화시키기 위해 깊이 관여할 것으로 보인다. 중국은 한반도 상황에 깊은 관심을 가지고 특히 북한에 대해 전략적 이해관계를 보호하기 위하여 북한지역 급변사태에 반드시 개입할 가능성이 높으며, 그 과정에서 미국과 남한과의 충돌이 예상된다. 일본은 북한의 핵무기와 미사일에 지대한 관심을 가지고 있는데, 일본 자국의 안전을 보장하면서 동북아의 평화와 번영을 유지하기 위하여 미·일 동맹의 틀 내에서 전략적으로 대응하기 위해 노력할 것으로 보인다. 러시아는 1945년경 북한 정권 수립 시 결정적인 후견인 역할을 하였으나, 1990년대 탈냉전 이후 그 영향력이 점차 약화되어 왔지만, 북한지역 급변사태 시 북한정권의 요청이나 러시아 지역의 난민 유입, 핵 및 대량살상무기 처리 과정에서 정치·군사적으로 개입을 할 가능성이 잠재되어 있다.

따라서 북한 급변사태 발생 시에 우리는 주변 4강과의 협력관계를 보다 긴밀히 하면서 한반도의 통일에 보다 유리한 방향으로 상황과 여건을 전개시키고, 발생하는 일련의 사안들을 '한반도 내부 문제는 한반도화'로 적극 유도해 나가야 할 것이다. 이를 위해 북한 급변사태에 대한 대비 및 대응전략을 집중 연구하고, 북한 급변사태 시 대응 절차에 대하여 범국가적 차원에서 치밀한 준비를 해야 하며, 우리에게 유리한 여건을 유도해 나가면서 대비태세를 구축해야 할 것이다. 북한 급변사태 시 한국군 단독으로 개입하는 데는 현실적으로 많은 제약과 한계가 있을 것이므로, 다국적군 또는 유엔의 일원으로 참가하는 것이 보다 유리할 것이며, 이때에는 한국군이 담당해야 할 과업을 최대한 확보하고 문제 해결의 주도적 위치와 권한을 확보해야 할 것이다.

급변사태의 발생에서부터 남북한 군사통합과 통일의 길로 가는 모든 과정이 주변국들의 이해관계에 첨예하게 영향을 미치므로 각 국가들의 이익에 부합되는 전략적 외교와 군사 활동을 통하여 그들의 동의와 협조를 유도해 나가야 할 것이다.

제3절 절충형 흡수통합 시 예상되는 문제점과 후유증

앞 절에서 급변사태 시 적용 가능한 군사통합유형에 대하여 분석해 보았다. 군사통합유형별로 그 과정에서 나타날 수 있는 예상되는 문제점과 후유증을 고려해 보면 단계적이고 평화적인 절차에 의해서 이루어지는 합의에 의한 흡수통합이 가장 적게 나타날 것으로 분석되었으며, 절충형 흡수통합, 강제적 흡수통합의 순으로 문제점과 후유증이 많이 발생할 것으로 보였다. 합의에 의한 대등통합과 절충형 대등통합은 최초에는 문제점과 후유증이 적을 것으로 보이나 결국 장기적인 협의와 노력이 부족할 경우 매우 심각한 문제점과 후유증이 발생할 수 있는 방안이므로 신중히 고려해야 한다.

앞서 분석한 것처럼 문제점과 후유증이 최소화될 수 있는 「합의에 의한 흡수통합」 방안이 최선의 방안으로 추진되도록 노력해야 함은 틀림없는 사실이나 이러한 합의가 원활하게 이루어질 가능성이 희박하다. 따라서 차선책인 「절충형 흡수통안」 방안을 추진할 수밖에 없다고 분석된다. 그렇다면 이 방안을 시행할 때 예상되는 문제점과 후유증을 구체적으로 분석해 보고, 이를 최소화하기 위해 어떠한 노력이 필요한지를 검토해야 한다.

I. 통합과정 시 예상되는 문제점

　군사통합사례분석을 통하여 독일·예멘·베트남의 군사통합 과정과 통합 후 나타난 교훈과 시사점, 그 후유증을 이미 분석하였다. 독일의 군사통합에서 나타난 후유증은 군 내부 공감대 부족, 정치와 군의 연계 및 협조 미흡, 조정통제 부서가 없어서 임무수행에 혼란을 초래한 점, 군이 언론을 주도적으로 선도하지 못한 점 등이 통합과정에서의 문제점으로 나타났다. 예멘 통합 시는 정치적 영향으로 군의 지휘체계가 양분되어 결국 내전의 비극을 겪게 되었고 내전의 결과 비인간적인 인권유린, 학살 등 민족 참사를 겪어야 했다. 베트남 역시 북베트남에 의한 군사작전으로 인권유린, 대학살 등 비인간적인 만행이 발생하였다. 사례분석 결과를 기초로 남북한 군사통합과정에서 발생할 수 있는 문제점을 예측해 볼 수 있다.

　첫째는 급변사태가 긴박하게 발생함에 따라 사전준비 부족에서 오는 문제들이다. 군사통합 추진을 위한 개략 계획은 되어 있으나 세부계획들이 발전되지 않아 행동화 단계에서 착오가 발생할 수 있고, 통합 추진 기구가 급조로 편성됨에 따라 전문성이 결여되고 업무추진 부서 간 협조와 통합이 미흡할 수 있다. 또한 준비 미흡으로 정치권을 선도하지 못하고 언론 활동에서 선도적 역할을 하지 못함으로써 국민설득과 국민통합 활동이 미진할 수 있다.

　둘째는 비인간적인 인권유린 행위 발생이다. 체제 유지를 고집하며, 저항하는 세력에 대해서는 무장해제를 위한 군사작전이 불가피하다. 연합군의 지원을 받는 남한의 한국군이 북한지역에서 저항세력에 대하여 공격행위를 하게 되고 이러한 과정에서 쌍방 간에 군사적 교전

행위가 발생하게 되며, 이는 치열한 전투 행위를 유발할 수 있다. 이러한 전투현장에서는 생사를 넘나드는 치열성과 이성을 뛰어넘는 감정적 행위들이 나타날 수 있으며, 이는 자칫 비인간적 인권유린 행위들로 이어질 수 있다. 국가의 운명을 내건 치열한 전투현장에서 감정적 전투행위들의 적절한 통제는 쉽지 않은 일이지만 이러한 비인간적 인권유린 행위들은 북한지역 주민의 반발과 언론의 질타, 세계여론 악화, 국가위신 손상 등의 부작용을 낳을 수 있다.

셋째는 수복지역 통제 미흡에 의한 혼란 발생이다. 진출한 북한지역은 지역적으로 생소하며 무질서한 혼란상황으로 전투행위로 인한 치안부재 현상의 악화, 사회질서 혼란, 주민불편과 반발, 생필품 부족 및 지원제한, 도난 및 약탈 행위 등의 혼란상황이 증폭될 수 있다. 이러한 상황이 지속될 시에는 군사작전이 곤란하고 많은 인명피해와 재산의 손실 등이 가중될 수 있다.

넷째는 대량살상무기(핵 및 미사일, 화생방 무기 등) 통제 및 처리 시 대량 피해 및 환경오염 등이 발생할 수 있다. 대량살상무기 통제와 조치가 미숙하고 취급 및 처리 절차가 준수되지 않아 대량살상무기가 폭발하거나, 유해 가스나 물질 등이 유출되어 대량의 인명피해와 환경오염이 발생되는 것이다. 대량살상무기는 그 폭발력과 위력이 대단함으로 이로 인한 막대한 피해와 손실이 발생할 수 있으며, 이는 당시의 피해뿐만 아니라 장기간 후유증이 지속될 수 있다.

다섯째는 무기 및 탄약의 통제가 소홀하여 혼란 및 피해가 발생할 수 있다. 무기고 및 탄약고의 경계가 소홀하고 군사작전 간 유기 방치된 무기와 탄약들이 악용되어 불순세력들이 사용함으로써 피해와 혼란이 발생하게 된다. 무기 및 탄약은 잘못 취급 시 피해를 입을 수 있고 불순 세력에 의해 악용 시 대량 피해와 저항수단으로 사용되어 위험성이 있으므로 작전 시 조기 통제 및 철저한 관리가 중요하다.

여섯째는 문화재 및 환경 훼손이 있을 수 있다. 전투행위 간 사용한 포탄과 발화성 탄약 등으로 문화재가 화재로 소실될 수 있고 불순 세력에 의한 파괴행위가 있을 수 있다. 또한 화재, 오염된 물질의 방치, 군사작전 간 사용한 화학물질들의 누출, 환경오염 물질 취급소의 폭파 등으로 소중한 문화재와 환경이 오염되고 훼손될 수 있다.

2. 통합 이후 예상되는 문제점 및 후유증

사례분석에서 나타난 군사통합 후 문제점과 후유증들은 독일의 경우 동독지역 복지 낙후 및 근무여건이 열악하여 근무기피 현상이 발생하였고, 계급 조정과 임금 지급 간에 불만이 나타났다. 또한 탄약고 경계 병력 부족으로 탄약 분실 사례가 발생하였으며, 인력부족으로 장비 및 물자 처리가 지연되었고, 동독군에서 인수한 시설 등에서 환경오염이 발생하였다. 동독군의 동화교육시에는 준비가 부족하여 교육의 성과가 미흡하였고 동독지역 전역군인들의 실업률이 증가되는 문제들이 분석되었다.

예멘의 경우는 열악한 생활환경으로 고충이 많았으며 예산이 부족하여 남북이 다른 군복을 착용함에 따라 군대에 일체감이 형성되지 않았다. 베트남의 경우에는 동족 간에 불신과 적개심이 남아 있었고 남베트남 출신들의 피해의식이 고조되었으며, 비인간적인 격리와 대우, 재교육간의 고통 등으로 90만여 명의 보트피플이 발생하는 등 그 후유증이 적지 않았다. 이러한 사례분석결과를 기초로 남북한 군사통합 후 나타날 수 있는 후유증을 예측해 보면 다음과 같다.

첫째는 남북한 동족 간에 불신과 적개심이다. 이념과 사상이 다른 체제 속에서 70~80여 년 이상 분단된 채 생활해온 남북한 주민들이 동화되어 같은 생각과 이념으로 살아가는 데에는 상당한 기간이 소요될 것으로 본다. 통일 후 초기에는 여기에서 오는 갈등과 혼란들이 많이 발생할 수 있다. 통합된 통일 한국군 내에서도 남북한 군 간에는 적지 않은 불신과 적개심이 잔존해 있다고 봐야 한다. 이에 따라 조기에 동화할 수 있는 교육과 실질적인 조치가 강구되어야 할 것이다.

둘째는 통일과정에서 피해를 입은 북한군과 가족들의 반감과 깊은 상처로 통일 한국의 일체감과 단결을 저해할 수 있다. 불가피한 군사작전, 무장해제와 대량살상무기 통제 등의 과정에서 예기치 않은 많은 인명피해가 발생할 수 있으며 이는 통일 후에도 민족적 한으로 남아 국민적 일체감과 단결에 저해 요인으로 작용할 수 있다.

셋째는 북한지역 근무기피현상이다. 동독지역에서 발생한 사례와 같이 험준한 산악, 복지시설의 낙후, 근무환경이 열악하여 통일 한국군에서 북한지역 근무를 꺼려하고 기피하는 현상이 발생할 수 있다. 이는 통일 후 남북 간 화합과 단결에 저해요인이 될 수 있으며, 통일 한국의 국가 방위에도 지장을 초래할 수 있다.

넷째는 전역 조치된 북한군의 실업률 증가로 사회문제화 될 수 있다. 현 119만 명의 북한군 중 일부는 잔류하고, 대부분 전역조치 된다고 보면 100만 명 정도의 젊은이들이 사회로 배출되게 되는데, 이 젊은 청년들의 일자리가 조치되지 않으면 실업률이 증가되고 사회 불만이 세력화되어 심각한 사회 문제화가 될 수 있다.

다섯째는 일부 통일 한국군에 합류한 북한군의 갈등과 불만 증폭으로 군 내부 문제화 될 수 있다. 북한군의 열등의식과 대우, 급여 등의 차이에서 오는 피해의식으로 잔류한 북한군들의 불만과 조기 동화되지 못하는 갈등 속에서 군 내부 혼란과 단결을 저해하는 문제가 발생할 수 있다. 지역갈등의 잠재의식이 남한 내의 단결을 저해하듯이 남북한 군 간의 갈등은 또 하나의 군 단결 저해요인이 될 수 있다.

여섯째는 북한군으로부터 인수한 군사시설의 환경오염이다. 북한지역의 많은 군사시설들은 환경오염을 충분히 고려하지 않은 시설들로 판단된다. 따라서 방치될 경우에는 더욱 심각한 환경오염에 노출될 수 있다. 특히 산악지역이나 야지에 설치되어 있는 군사시설들은 기반시설이나 구조적으로 취약하므로 사용이 불편하고 환경오염에 장기간 노출될 수 있다.

일곱째는 인수한 잉여물자 및 장비, 무기 및 탄약류의 처리 지연에 따른 문제점이다. 북한지역에서 인수한 북한군의 무기, 탄약, 물자 및 장비류의 종류와 그 양이 상당할 것으로 판단되는데 이들의 처리는 쉽지 않을 것으로 생각된다. 저장시설에 대한 경계도 취약하여 분실, 도난 등의 사건도 발생할 수 있다. 처리 기간이 지연되면서 관리 부실로 무기 장비 등의 부식과 발청 등의 문제와 환경오염 물질의 누출로 주민피해 및 심각한 환경오염 등이 발생할 수 있다.

여덟째는 반체제 인사 및 주민들의 격리조치, 북한군과 주민들의 동화 교육간 비인간적인 인권유린 행위 발생 가능성이다. 오랫동안 다른 이념과 사상으로 신념화된 북한군과 주민들을 동화시키는 데는 많은 반발과 저항, 불평불만의 문제점들이 발생할 수 있다. 이러한 저항과 불평들을 통제하는 과정에서 비인간적 인권유린 행위들이 발생할 수 있으며, 이는 자칫 북한주민들의 감정을 자극하여 더 큰 저항과 반발로 이어질 수 있다.

　이상에서 열거한 예상되는 문제점과 후유증들이 통합의 과정과 통합 후에 심각하게 나타난다면 성공한 통합이라 할 수 없다. 통합은 하였으나 실패한 통합, 후유증을 치유하고 극복하는데 많은 시간과 예산, 노력이 다시 뒤따르는 가슴 아픈 통합이 될 수밖에 없다. 통일과 남북한 군 통합의 결실을 이루되 이러한 후유증이 최소화되고 단기간 내에 통일 한국군으로 정착이 될 수 있도록 사전준비를 치밀하게 해야 될 것이며, 후유증을 최소화하는 가운데 군사통합을 이룰 수 있는 실질적인 방안 연구가 다양하게 이루어져야 할 것이다.

제 5 장

절충형 흡수통합 방안

제1절 통일과정에서 군사통합

제2절 통일 이후 군사통합

앞장에서 절충형 흡수통합 방안을 시행할 때 예상되는 문제점과 후유증을 분석하였다. 북한에서 급변사태가 발생하여 군사통합을 시행하는 경우에는 그러한 문제점을 최소화하기 위한 노력을 경주해야 한다. 왜냐하면 급속도로 추진된 군사통합일수록 문제점과 후유증이 더 커질 수 있고, 그러한 통합은 성공적이라고 평가될 수 없기 때문이다. 이러한 측면에 유념하면서, 이 장에서는 통일과정과 통일 이후 두 단계로 구분하여 군사통합 시행방안을 제시하기로 한다.

제1절 통일과정에서 군사통합

1. 합의에 의한 평화적 군사통합

가장 바람직하고 이상적인 통합은 남북한 상호 합의에 의한 평화적인 흡수통합 방식이다. 북한 지역에서 발생한 급변사태의 경우에도 남북한 통일과 군사통합 역시 합의에 의하여 추진되는 것이 최선이다. 급변사태가 발생하면 체제유지 세력은 북한 정권과 사회주의 체제를 유지하기 위하여 마지막까지 투쟁할 것으로 보인다. 이 경우에도 남한은 합의에 의한 남북한 통일과 군사통합을 원칙으로 세워야 한다. 북한 내에서는 체제유지 세력과 체제 전복 세력으로 양분될 것이며, 통합을 추진하는 입장에서는 기존체제를 유지하기 위해 버티는 세력을 어떻게 포용하느냐가 관건이 된다. 이것을 관철하기 위해서는 다음과 같은 방책이 필요하다고 본다.

첫째, 주변국을 통한 외교적 설득 노력이다. 미국, 중국, 러시아, 일본을 통하여 현 상황에서 더 이상 북한식 체제 유지는 어렵다는 사실과 평화적 합의를 통하여 민족적 비극, 피해를 최소화하고, 체제 유지 세력에 대하여 사후 일정 부분 안전보장과 활동여건 보장을 제공하는 조건을 제시하여 합의에 나오도록 하는 것이다. 특히, 중국의 역할이 보다 중요하므로 통일 한국이 중국의 국익에 도움이 된다는 사실을 설득하고 평화적 합의에 이르도록 중국의 외교적 역할을 유도하는 것이다. 미국, 일본, 러시아에 대해서도 핵 개발을 고집하는 북한정권이 국가이익과 세계평화 질서에 도움이 되지 않는다는 사실과 통일 한국이 자국의 이익에 실질적인 도움이 된다는 사실을 설득하여 북한 체제유지 세력의 힘을 약화시키도록 한다.

둘째, 남한 정부가 북한 체제 유지세력과 직접 접촉하여 합의에 이르도록 설득하는 것이다. 실무진 또는 고위급 수준의 대화채널을 유지하고 주변 4강을 비롯한 국제적 여론의 압박을 가하면서 체제유지 세력을 포용할 수 있는 보상책을 적절하게 제시할 필요가 있다. 북한의 지도급 인사들을 포용하는 문제는 통일과정뿐만 아니라 통일 이후에도 여전히 중요한 국책사업으로 지속될 것이다. 이 대목에서는 독일 통일과정 사례를 면밀히 검토하여 필요한 교훈과 정책방안을 이끌어 낼 수 있다고 본다.

셋째, 북한지역 내의 체제 전복 세력의 힘을 활용하는 것이다. 사회주의 체제 전복 세력은 남한 정부에 비교적 우호적이므로, 이들을 집중 지원하여 그 세력이 커지도록 유도해야 한다. 이들 세력이 강화되면 구체제 유지세력의 힘은 상대적으로 약화될 것이다. 이러한 전략은 급변사태 이전에도 지속적으로 추진하여 북한 내부에서 체제 전복 세력들이 형성되도록 유인할 필요가 있다.

위에 열거한 방책들은 동시에 조치가 가능하고 복합적으로 적용할 때 그 효과가 커질 것이다. 이와 같이 합의에 의한 평화적 군사통합이 이루어진다면 급변사태 시에도 쌍방 간 피해 없이 이상적으로 군사통합을 이루어낼 수 있다. 이러한 합의에 의한 군사통합은 다른 어느 유형보다도 평화적이며, 그 후유증도 최소화할 수 있는 바람직한 방책이다. 앞의 사례분석에서 살펴본 바와 같이 동·서독군 통합이 합의에 의한 흡수통합이며, 여기에서 나타난 몇 가지 후유증을 보완한다면 이상적 군사통합의 결과를 나타낼 수 있다고 본다.

2. 평화강제작전

합의에 의한 평화적 군사통합 방안은 이상적인 모델이기는 하지만 실현 가능성은 낮다고 평가된다. 김정은을 중심으로 한 체제유지 세력들은 국내외적으로 불리한 상황에도 불구하고 북한식 체제유지를 고수할 것이 분명하다. 이러한 경우에는 결국 주변국과 UN의 동의를 얻어내는 것을 전제로 군사작전을 통한 무장해제를 추진해야 한다. 이때 후유증과 문제점을 최소화하는 전제는 준수되어야 한다. 평화강제작전은 평화작전의 한 유형이며, UN 등 국제사회와 협력하여 시행되는 군사 협동작전으로서 분쟁 당사자들에게 국제사회의 분쟁 해결 중재안이나 결정을 수용하도록 강요하기 위해 무력을 행사하는 것이다.[1]

유엔헌장 제7장 42조의 유엔안전보장이사회는 국제평화와 안보의 회복 및 유지를 위해 필요할 경우, 군사작전을 승인할 수 있다는 내용에 근거를 두고 있으며 작전의 유형으로 보았을 때 평시 또는 정전시 작전이라 할 수 있다. 다시 말하면 UN 등 국제사회의 동의와 역내 협정을 기초로 동맹의 평화강제작전 조건을 북한 내전 세력이 수용하도록 강요하고, 불응 및 저항하는 세력들에게는 승인된 교전규칙을 적용하여 동맹의 작전목표를 달성하기 위한 작전인 것이다.

---

1) 합참, 『합동평화작전』, 합동교범 3-13, 2010.

평화강제작전 시 주요 활동은 비행 또는 항해 금지구역을 통제하고 특정물품이 수입되지 않도록 제재하며, 내전 세력들에 대해 철수를 강요함으로써 완충지대를 설치하고 주민과 난민들에 대한 보호구역을 설치한다. 또한 각종무기, 탄약, 폭발물 수집 및 폐기, 질서 회복 및 유지, 인도주의적 지원 등을 하게 된다. 이러한 활동은 지상 작전을 수행하는 특수임무부대(Task Force)가 주로 작전을 담당하게 된다.

이를 수행하기 위한 조건으로는 모든 북한군은 주둔지로 복귀하여 지정된 백색 깃발을 게양하고 주둔지 내에서 활동 중인 군인은 경계를 위한 목적 외에 무장을 하지 않으며 평화강제작전 조건에 불응하는 인원 및 차량은 저항세력으로 간주하여 조치한다.

작전수행은 2단계로 구분되어 시행되며, 1단계에서는 병력 및 인구 밀집지역 위주작전으로, 2단계는 작전 지역 확대로 진행된다. 주둔지 외부에서 활동 중인 적성세력 또는 부대와는 교전을 실시하고 주둔지에 복귀하는 부대에 대해서는 식량과 부대방호 등을 제공할 수 있으며, 동맹의 인도주의적 지원을 통해 북한 주민의 지지를 획득한다. 지상 작전을 실제 수행하는 특수임무부대의 세부적인 수행과업은 평화강제작전 조건을 준수하지 않는 교전 당사자들을 대상으로 비행 또는 항해금지구역을 설정하고 이를 차단하거나 통제하며 국경선 감시 임무를 수행하게 된다. 또한 당사자들에게는 교전을 중단하고 현장이탈 및 철수를 강요하여 완충지대나 비무장지대를 설치하는 것을 목표로 임무를 수행하게 되며, 어느 파벌이 반대 파벌로부터 지속적인 공격을 받을 때 이들을 보호하기 위하여 안전지대 또는 보호구역을 설치할 수도 있다. 이외에도 국가 치안기능이 상실된 분쟁지역에서 주민에게 최소한의 인간적 대우를 보장하도록 한다. 그리고 무력을 이용하여 비인가 인원의 이동을 중단시키고 비전투원, 비정부기구, 승인된 인원이 자유로이 통행할 수 있도록 권리를 보호하기 위한 가시적인 보장대책을 강구하며, 분쟁당사자들을 체포하거나 억류하기 위한 수용 및 재통합을 시행하고 비정부기구, 비 군사기관, 인도주의적 지원 활동에 참여하는 군부대 등을 보호한다. 평화강제작전의 수행절차는 앞에서 언급한 수행개념에서와 같이 두 단계로 구분되어 시행되며, 자세한 작전수행 개념과 절차는 부록 '평화강제작전 절차'에서 기술하였다.

평화강제작전 시행을 통하여 저항세력들을 무력화, 무장해제를 시켜나감으로써 궁극적으로 흡수통합을 달성하는 것이 가능하다. 그러나 앞에서 분석한 바와 같이 작전수행과정에서 비인간적인 인권유린 행위 발생, 수복지역통제 미흡으로 치안 부재현상 등 혼란 발생, 대량 살상무기 및 탄약통제 소홀로 인적·물적 대량피해 발생, 문화재 및 환경훼손 등의 많은 문제점과 차후 후유증이 발생할 수 있으므로 작전시행 전반에 신중을 기해야 한다.

3. 민군작전

군사작전 시행 간에 점령한 북한지역에서 군사 작전을 보다 원활하게 지원하고, 앞서 살펴본 예상되는 문제점과 후유증을 최소화하기 위해서는 민군작전을 효과적으로 시행해야 한다. 민군작전(Civil military operation)은 "군사작전의 일부로서 군이 주둔하거나 작전을 수행하고 있는 지역에서 군사작전의 성공적인 수행을 보장하고, 국가정책을 실현하기 위하여 군부대와 정부, 국제기구, 비정부기구(NGO), 민간단체 주민 등과의 관계를 구축, 유지 및 확대하는 제반 군사 활동"[2]이다.

한 마디로 민군작전은 일반적인 군사작전과는 달리 軍이 民을 지원함으로써 궁극적으로는 군이 주민의 지원과 지지를 획득하여 군사작전의 성공을 보장하고 국가정책을 조기에 실현하기 위하여 수행하는 작전개념이다. 평화강제작전을 시행하여 확보한 지역에 대하여는 민군작전을 효과적으로 시행함으로써 북한주민들의 동요를 예방하고 조기에 주민들로부터 지지를 획득하여 수복지역을 안정화시켜 나갈 수 있다. 민군작전은 상황에 따라 정부 행정기관, 국제기구, 비정부기구와 그 외의 민간단체, 주민 등과 상호협조 및 통합하여 작전을 수행할 때 그 효과를 보다 증대시킬 수 있다.

민군작전의 목적은 군사작전이 원활히 수행되고 정부의 행정권이 확립되는 것이며, 민군작전의 주요활동은 ① 주민 및 자원통제, ② 자원획득 및 지원, ③ 인도적 지원, ④ 주민홍보 및 선무, ⑤ 군사작전을 지원하기 위한 기타활동(긴급복구 및 건설, 자연보호 등) 등이며 이를 좀 더 구체적으로 보면 다음과 같다.

가. 주민 및 자원 통제

주민 및 자원통제는 민군작전의 성공을 위하여 필수적으로 수행해야 할 중요 과업으로서 평화강제작전 방해요소 제거, 적성분자 분리 및 색출, 주민보호 및 안전보장, 군사작전에 필요한 민간자원의 아군 활용보장, 기타 소요 발생억제 등에 목적을 두고 시행하게 된다.

---

2) 육군 교육사령부, 『민군작전』, (교육회장 07-3-10, 2007), pp.1~3

주민과 자원을 효과적으로 통제하기 위해서는 현지상황과 지역을 잘 알고 있는 정부 및 지방 행정기관의 조직을 우선적으로 활용하여 통제하되, 능력이 제한될 경우에는 신뢰할 수 있는 주민을 선발 및 훈련시켜 활용할 수 있다. 경찰과 같이 지휘조직과 훈련된 인원 및 장비를 갖춘 조직은 주민 및 자원통제를 실시하고 감독하는 데 효과적이다.

작전부대는 주민 및 자원통제 관계기관과 지속적인 연락체계를 유지하고, 작전부대가 수집한 주민 성향 및 이동사항, 피난민 이동방향, 지역 자원현황, 기타 주민 및 자원통제와 관련한 정보를 제공한다. 주민 및 자원통제의 일반적인 방법은 인원통제, 이동통제, 활동통제, 물자통제, 재정통제, 통신통제, 민간 보도활동 통제 등을 들 수 있다.

인원통제는 주민 통행금지시간 적용, 신분증 발행, 여행통제, 개인의 거주 제한, 근무지역 통제 등의 방법이 있으며, 지나치게 강압적인 통제는 주민들이 반발하는 등의 역효과가 나타날 수 있으므로 지양하여야 한다. 이동통제는 주민들이 저항세력으로 전환하거나 게릴라 및 적성분자 등이 조직적으로 활동하는 것을 방지하기 위하여 인원과 물자이동을 통제하는 것으로 지역 여건을 고려하여 효과적인 통제수단을 강구하여야 한다. 활동통제는 게릴라 및 적성분자 등의 저항세력이 주민생활에 침투하여 여론을 약화시키거나 저항세력을 결집하여 조직적인 시위, 태업 및 전복 시도를 방지하기 위한 것으로 특히 다수의 인원이 참가하는 정치·사회·종교·노동 집회활동 등은 적절히 통제하여야 한다. 물자통제는 게릴라 및 적성분자 등의 저항세력들은 보급품을 획득하지 못하게 하고, 주민들에게는 물자획득의 자유를 부여하기 위한 것으로 물자 생산 및 공급과 유통을 규제하는 허가제도, 생활필수품 지급을 위한 배급제도와 같은 통제방법을 사용할 수 있다.

통제방법 결정은 지역 안정화 정도, 물자소요, 가용한 보급량, 지역 주민의 성향, 타 지역과 물자유통 등을 고려한다. 재정통제는 게릴라 및 적성분자 등의 저항세력들에게 자금이 유입되지 못하게 차단하고 주민들은 건전한 화폐유통으로 대외 신용을 유지하기 위한 것으로, 통제가 용이한 거래은행을 지정하거나 상인들의 거래규모를 제한하는 등의 방법을 사용할 수 있다. 그러나 생활필수품 획득이 극히 제한되는 지역에서는 매점매석이나 물물 교환이 이루어질 수 있으므로 현실적이고 실현 가능한 통제대책을 강구하여야 한다.

통신통제는 허가되지 않은 통신사용을 통제하기 위한 것으로 통신수단의 검열, 통신장비 및 기술자 사용허가, 통신장비 판매와 소유통제, 방송 감시 등의 방법으로 통제한다. 민간보도활동 통제는 주민 및 자원통제 계획을 전파하고 주민을 선도하기 위한 것으로 지역 환경과 작전상황 등을 고려하여 통제한다.

나. 자원획득 및 지원

자원획득 및 지원은 군이 민간자원을 획득하여 군사작전에 이용하거나 수복지역의 북한 주민을 위하여 지원하는 것이다. 평시 군에서 민간자원을 획득하여 지원하는 것은 정상적인 조달절차에 의해 이루어지나, 전시 작전 지역에서 군이 민간자원을 획득하여 군사작전 및 주민을 지원하는 것은 국가정책에 근거한 방침을 따라야 한다.

군이 주민을 지원하기 위한 자원은 기본적으로 현지에서 획득한 자원, 적으로부터 노획한 자원, 국내외 자선단체의 기증품, 군이 사용하고 남은 재고품 등을 이용한다. 군의 재고품으로 주민을 지원할 수 있는 자원은 상황에 따라 상이하나 식량, 의류, 의료 장비 및 보급품, 주요시설 가동을 위한 유류, 주민 수용을 위한 천막, 기초적인 주민생활을 지원하기 위한 건설 및 수송 장비 등이다.

군사작전과 주민 지원을 위한 자원획득은 가능한 한 현지 자원 및 시설, 용역 등을 최대한 이용하여 군 작전 지원 계통의 추가적인 노력과 부담을 최소화해야 한다. 군 보급품을 주민에게 지원하는 경우는 천재지변으로 인한 재해발생, 유행성 질병의 집단발생, 기아, 기타 군사작전을 방해하는 요인제거 등으로 제한해야 하며 가능한 한 관련 행정기관과 협조 및 통합하여 수행한다.

민간자원 획득은 징발법 등의 관련 법령 및 규정을 준수해야 하며, 사전에 소요예측을 정확하게 판단한 후 계획해야 한다. 상황이 급박하여 현지에서 민간자원을 사용하거나 지원받을 경우에는 가능한 사전에 소유주와 협조하고 사후 보상방침에 의한 조치가 이루어져야 한다.

자원을 획득하여 군사작전 및 주민을 지원하는 절차는 소요판단 → 획득 → 수송 → 분배 → 평가의 순으로 이루어지며, 평가 후에는 그 결과를 피드백(feed back)하여 소요판단에 다시 반영하는 절차로 이루어지면 효과적으로 업무를 수행할 수 있을 것이다.

다. 인도적 지원

인도적 지원은 군사작전이나 자연재해 등으로 발생한 주민들의 고통을 경감 및 제거하고 자원손실을 예방하기 위한 제반 활동으로, 주민의 지지를 획득하여 우군화하고, 저항세력에 대한 지원을 차단하기 위하여 실시한다. 인도적 지원은 통상 국가 정책 차원에서 지원 방침과 수준 등을 설정하여 정부 및 지방행정기관 주도하에 이루어진다. 또한 작전부대 지휘관은 인도적 지원소요 발생 시 이를 지원할 수 있는 긴급 지원태세를 유지해야 하며, 지원에 필요한 자원 확보 및 수송 대책을 강구하여야 한다.

인도적 지원을 효율적으로 수행하기 위하여 관련 기관 및 단체, 국제기구, 비정부기구, 주민 등과 긴밀하게 협조하여 수행하며, 필요시 임시 지휘통제 및 협조체계를 구축하고, 필요한 지원기구 등을 설치 운용할 수 있다. 인도적 지원은 재해 재난 복구 지원 및 인도적 구호 활동, 주민들의 생활필수품 제공, 전상자 치료 등 긴급의료 제공, 생활 기반 시설(교통, 전기, 가스, 통신 등) 복구 및 건설, 병원 및 학교 시설 보수 및 건설, 기타 민간분야 인도적 지원 등을 중점적으로 시행한다.

인도적 지원을 위한 물자확보와 지원 기준은 지원 대상 및 상태, 가용자원, 지원기간, 요구되는 인도적 지원 수준과 목표 등을 고려하여 결정할 수 있다. 작전부대 지휘관은 부대 지휘 능력을 고려하여 인도적 지원을 제공하되 군사작전에 영향을 미치지 않은 범위 내에서 수행한다.

인도적 지원 절차는 통상 지원소요 판단, 소요자원 획득 및 확보, 분배, 평가 순으로 이루어지나 상황에 따라 동시에 또는 특정 과정을 수행할 수 있다. 효율적인 인도적 지원을 위해서는 작전초기부터 지원물자를 예측하여 확보하는 것이 중요하며, 정부 및 지방행정기관이나 기타 유관기관 등과 긴밀한 협조 및 지원체제를 유지해야 한다. 인도적 지원은 지원 대상과 목적을 고려하여 지원 우선순위를 지정하며, 지원 효과를 확산하기 위하여 어린이, 노약자, 체제 불만세력, 소외계층 및 지역을 우선 지원할 수 있다.

라. 주민 홍보 및 선무

주민 홍보 및 선무는 수복지역 주민들에게 선전이나 홍보 등의 활동을 통하여 아군 작전에 동조 및 협력하게 하거나, 최소한 적대 행위를 하지 못하게 하는 제반 활동으로 궁극적인 목적은 주민의 지지와 지원을 획득하기 위한 것이다. 평화강제작전 시 가장 필요한 것 중의 하나가 작전하는 군대, 한국군이 점령군이 아니라 북한 주민을 고통 속에서 벗어나게 하는 해방군임을 인식시키는 것이다. 작전의 목적이 북한지역을 점령하여 북한 주민의 권리와 행복을 약탈하는 것이 아니라, 북한 주민을 김정은 공산독재체제로부터 자유와 평화의 길로 해방시키는 것임을 인지시킴으로써 그들의 지지를 획득하는 것이 시급하다.

주요 홍보 내용은 정부 정책과 의도, 군사작전의 당위성을 적극 홍보하고 작전 지역 내 치안 질서 회복과 민심 수습을 위한 주민 선무 활동에 중점을 두며, 군사작전의 성공에 기여할 수 있도록 수행하여야 한다. 홍보활동 시에는 대상자의 연령, 계층, 성향, 생활수준 정도 등을 고려하여 실시해야 하며 지역주민의 인권과 의사를 충분히 존중하여야 한다. 이러한 활동은 자원 획득 및 지원, 인도적 지원, 기타 재해 복구 자원 등과 유기적으로 연계하여 효과적으로 시행할 때 시너지 효과를 발휘할 수 있을 것이다.

마. 기타 민사(民事)행정 지원

민사행정지원은 군사작전 지역에서 정부행정기능을 조기에 확립하거나 강화하기 위한 제반활동을 계획, 협조, 조언 및 지원하는 것으로 공공안전, 법과 치안질서 회복 및 유지 등에 중점을 두고 수행하는데 정부 및 지방행정기관의 행정업무가 정상적으로 이루어지기 이전 또는 직후에, 정부로부터 일시적으로 민간행정 업무를 위임받아 수행하거나 정부 및 지방행정기관의 민간행정업무가 정상적으로 수행될 수 있도록 지원하는 제반 활동을 포함한다. 군이 민사행정 지원업무를 일시적으로 수행하거나 지원할 경우에는 정부의 정책과 방침, 국내·외 관련법, 국제조약, 협정, 양해각서 등에 제시된 제반 사항을 준수하여야 한다. 민사행정 지원업무는 별도로 편성된 인사부대가 수행하도록 통제하는 것이 효과적이다. 민사행정을 지원하는 민사부대는 지휘계통상의 상급부대 지침을 받아 정부행정요원과 함께 업무수행지역에 신속히 전개하여 정부 및 지방행정 기능을 회복하기 위한 제반 활동과 협조 및 지원을 제공한다.

민사부대는 정부 및 지방행정 기관과 원활한 지원 및 협조체제를 구축하여야 하며, 필요시 주어진 권한 범위 내에서 행정조직 복구 및 구성과 절차에 대한 지도와 제한된 행정 업무를 지원한다. 민사행정을 지원할 경우에는 전향한 기존 행정요원이나 신원이 검증된 우호적인 주민 등을 최대한 활용하는 것이 효과적이며, 법무, 헌병, 의무 등의 업무수행 관련 요원들의 자문과 지원을 받아 수행한다. 민사행정을 지원할 경우 입법, 사법, 행정 등의 문제를 처리하기 위하여 정부계획과 연계하여 임시 행정조직을 설치하여 운용하는 것이 효과적일 것이다.

4. 계엄시행

계엄이란 전시, 사변 등 기타 비상사태 시 병력으로서 군사상의 필요에 응하거나 공공의 안녕, 질서를 유지할 필요가 있을 때 선포하는 국가의 긴급권이다. 계엄은 기능 면에서 민군작전과 유사하나, 국가 비상사태 시 군사적 수단을 사용하여 모든 행정 및 사법권을 관장하고, 기본권을 제한한다는 측면에서는 다소 상이하다. 통일 이후 북한지역에 대해 계엄을 선포하는 것에 대해서는 신중히 판단해야 하지만 계엄을 선포해야 한다는 입장과 계엄을 선포하지 말아야 한다는 입장이 다를 수 있다.

계엄을 선포해야 한다는 입장에서 보면 북한지역은 헌법에 근거하여 대한민국의 영토이므로 국내법을 적용하여도 법적 제한이 없다. 또한 경찰력이나 통합방위작전 인원만으로 질서유지 및 회복이 제한되고, 계엄 없이는 민간 및 행정 기구에 대한 강력한 통제가 불가하며, 군사작전상 필요시 북한 법을 대체하여 특별 법령 및 형법 조항 제정이 가능하다는 관점에서 계엄선포는 필요하다고 보고 있다.

반면에 계엄을 선포하지 말아야 한다는 입장에서는 국제적으로 북한을 국가로 인정하고 있으므로 국내법 적용이 불가하다는 것과 북한 주민들의 반발이나 역내 국가들에 대한 자극이 우려된다는 점, 민군작전만으로 치안질서 확립이 가능하여 민생안정을 도모할 수 있고 공공의 질서를 유지할 수 있다고 보고 있는 것이다.

여기에서 한국군 정부의 전쟁주도 및 국민적 여망을 고려 시에 북한지역에 대한 계엄선포가 적절하다고 생각된다. 그러나 부정적 영향 또한 배제할 수 없으므로 계엄선포시기 및 지역에 대해서는 보다 깊이 있는 검토가 필요하다고 본다.

　계엄이 선포되어야 할 시기와 지역에 대한 문제에 관하여 두 가지의 방안으로 생각해 볼 수 있다. 한국군 작전부대 투입과 동시에 북한 전 지역에 계엄을 선포하는 방안과 한국군 작전부대가 확보한 지역에 대해 순차적으로 계엄을 선포하는 방안이다.

　한국군 작전부대 투입과 동시에 북한 전 지역에 계엄을 선포하는 방안은 작전 개시와 함께 계엄선포로 영토수복에 대한 의지를 대외에 천명할 수 있다. 그리고 국가 총력전 차원에서 국민의 적극적 지지를 유도할 수 있는 장점이 있으나 중국 및 러시아의 북한 지역에 대한 정치적 개입명분을 제공할 수 있는 우려가 있으므로, 미확보한 지역에 대한 실효성 있는 통제는 다소 미비할 수가 있다.

　반면 작전부대가 확보한 지역에 대해 순차적으로 계엄을 시행하는 방안은 평화강제작전을 통해 지역을 확보한 후 계엄선포 지역에 대한 조기 치안질서 유지 및 회복이 용이하고 북한에 대한 정부의 이중적인 시각으로 정책의 일관성이 결여되어 있다는 비난 또한 있을 것이다. 그러나 내적으로 계엄을 확대하면서 외적으로는 국제법을 준수함에 따른 국제 사회의 지지를 획득할 수 있는 장점도 있다. 따라서 실효성 측면에서 볼 때 한국군 작전부대가 확보한 지역에 대해 순차적으로 계엄을 시행하는 것이 바람직하다고 판단된다.

　군사작전에 의해서 확보된 지역은 북한 행정구역을 고려하여 계엄시행지역을 선포하고 계엄시행 책임부대를 지정하여 배치하고 계엄임무를 부여한다. 효과적으로 계엄을 시행하기 위해서는 시·도별 임시 행정 위원회를 편성하여 운용하는데 편성(안)은 다음 그림에서 보는 바와 같다.

〈그림 4-2〉 시·도 임시 행정 위원회

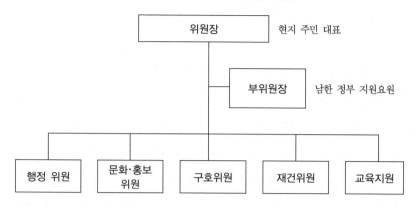

치안질서 유지를 효과적으로 시행하기 위해서는 시·도 임시 치안위
원회를 편성하여 운용하는데 그 편성(안)은 다음과 같다.

〈그림 4-3〉 시·도 임시 치안 위원회

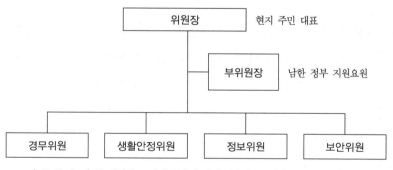

※시·군·구·읍·리·동 위원회도 이에 준하여 편성·운용할 수 있다.

계엄시행은 치안, 사법, 동원, 보도, 구호 5대 기능에 의해서 시행
할 수 있다. 치안 질서 유지를 위하여 주민 및 차량 이동 통제와 불순
세력 색출, 적성 세력의 수용과 관리, 범죄자 처리 등을 시행하는데 헌
병과 임시 치안위원회, 포로수용소, 기동순찰팀을 편성·운용하여 임

무를 시행한다.

사법 기능 수행은 계엄 군사법원을 설치 운용하고 교도 행정 처리와 출입국관리, 자유민주주의 질서 및 법 제도 계도 업무를 시행한다. 동원기능은 징발 목적물의 조사 등록과 징발 집행관 임명, 징발 시행 지침의 공고 및 홍보 활동을 시행하며 보도기능은 종군기자, 공동취재단, 정훈홍보대, 현지 매체 및 임시 행정기구 등을 활용하여 군사작전의 불가피성과 북한 주민의 안정과 우군화를 위해 홍보 활동을 전개한다. 또한 수복지역의 언론 매체 보도검열과 언론 통제 등을 시행한다. 마지막 구호 기능 활동은 도로, 교량, 숙영시설 등 생활 기반 시설 복구와 전재민 구호 활동, 전상자 의료지원 활동을 시행한다.

5. 대량살상무기(WMD) 통제

북한은 비대칭 전력으로서 대량살상무기를 개발하고 지금은 세계평화를 위협할 수준까지 다량 보유하고 있는 것으로 판단된다. 상당수의 생화학무기 이외에도 최근 3차 핵실험까지 함으로써 핵무기도 실질적으로 보유한 것으로 추정된다. 또한 이러한 대량살상무기의 투발수단인 장거리 미사일인 SCUD·노동·무수단·대포동 미사일 등을 개발 보유하고 있다.

급변사태 시 이러한 대량 살상무기의 통제 불능 사태와 무분별한 사용은 군과 주민들의 대량 피해 사태로 이어질 수 있는 매우 심각한 문제이다. 따라서 대량 살상무기의 통제는 우선 한·미 연합 방위를 공고히 하는 가운데 연합 정보자산을 이용하여 대량살상무기의 위치와 가동상태, 활동 상황 등을 면밀히 감시하고 정상적으로 통제되는

지의 여부를 자세히 확인해야 한다. 또한 대량 살상무기 통제 세력을 확인하고 대화의 채널을 유지하며, 안전한 상태로 통제되고 관리되어야 함을 설득하고 협조해 나가야 한다. 이러한 노력에도 불구하고 대량살상무기 통제 세력이 합의에 의하여 통합되거나, 통제되지 않을 때는 물리적 방법에 의한 통제와 궁극적으로는 제거 조치를 해야 한다.

따라서 급변사태 시 대량살상무기의 군사적 통제와 제거작전을 위한 준비를 해야 한다. 대량살상무기의 제거는 핵무기, 생물무기, 화학무기 순으로 우선순위를 두고 시행해야 할 것이다. 대량살상무기의 제거작전을 무기와 시설로 구분하여 도표화하면 다음과 같다.

〈그림 4-4〉 대량살상무기 및 시설 제거 조치과정

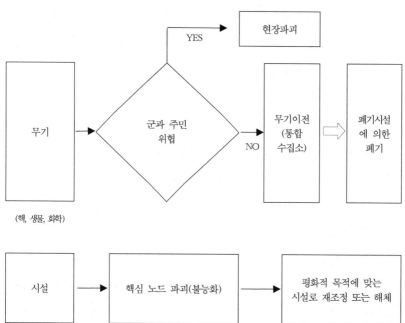

핵, 생물, 화학무기에 대하여 제거작전을 시행하는 과정에서 우군 또는 주민에게 위협이 되는지 여부를 판단하여 위협이 될 때는 현장에서 파괴하여 위협요소를 제거해야 하며, 위협이 되지 않을 경우에는 통합수집소에 이전 조치를 하여 정상적인 절차에 의해서 안전한 폐기시설에서 폐기조치를 해야 한다. 대량살상무기 보관 또는 취급시설에 대해 대량살상무기 작동을 위한 핵심노드를 파괴하여 작동할 수 없도록 불능화 조치를 하고, 차후 평화적 목적에 맞는 시설로 재조정하거나 시설을 해체한다.

대량살상무기를 통제하고 필요시 제거하기 위해서는 이러한 임무를 수행할 수 있는 특수임무부대를 편성하여 운용해야 한다. 이러한 무기와 시설을 통제하고 제거하거나 불능화시키기 위해서는 고도로 훈련된 특수부대 요원이 필요하다. 평화강제작전을 수행하는 부대의 진출에 맞춰서 협조된 작전이 필요할 것이고 상황에 따라서 지상 또는 공중, 해상으로 저항세력이 점령하고 있는 지역에 침투하여 임무를 수행해야 할 것이다.

이러한 임무를 수행하기 위해서는 핵, 생물, 화학무기를 전문적으로 취급하고 운용·작동할 수 있는 전문요원과 이들을 저항세력 지역에 침투시킬 수 있는 특수부대요원, 보호할 수 있는 경계요원 등으로 통합 특수임무부대를 편성해야 할 것이다. 이러한 임무는 급조로 편성된 부대로서는 곧바로 임무수행이 제한될 것이므로 계획에 반영하여 주기적으로 소집하여 훈련하고 임무수행 절차를 숙달해야 할 것이다. 대량 살상무기 제거작전 절차에 대해서는 부록에서 자세히 기술하였다.

통일과정에서 대량살상무기에 의한 대량피해와 그로 인한 후유증은 통일 후에도 심각한 문제를 일으킬 수 있다. 여러 국제기구에 의한 통제와 협조활동이 활발하게 이루어지고 있으나 지금까지 북한에 대한 국제기구의 통제력은 실효를 거두지 못하고 있고, 북한지역 급변 사태 시는 더욱이 이러한 국제기구에 의한 통제는 실질적으로 기대하기 어려운 실정이다. 따라서 UN을 비롯한 주변 4강을 통한 외교적 설득노력을 병행하면서 대량살상무기의 통제권을 행사하는 저항세력을 협상과 합의의 장으로 유도하여 평화적 합의에 의한 흡수 통일을 이루어낼 수 있도록 우선적 노력을 다해야 할 것이다.

이러한 평화적 협상노력은 평화강제작전을 시행하는 과정에도 계속되어야 하며, 이러한 노력이 실효를 거두지 못하고 불가피하게 군사적 조치를 취할 수밖에 없는 상황에서는 군사적 제거 조치와 협상 노력을 병행해야 한다.

6. 무장해제

무장해제(Disarmament)는 정부군, 반군, 무장단체 등 전투원들과 무장한 민간인들이 소지하고 있던 각종 무기와 탄약 및 폭발물들을 수집, 통제 및 처리하는 것을 말한다. 현재 보유하고 있는 무기뿐만 아니라 관련 국가로부터 새롭게 유입되는 무기를 통제하기 위한 절차와 방법이 함께 포함된 개념이다. 여기에서는 북한군을 해체시켜 재조직하는 것과 인원, 무기 및 장비, 시설처리에 중점을 두고, 무엇보다도 군의 역할이 강조되는 무장해제의 방법적 측면과 무기·장비·탄약의 통제를 위한 유출방지 그리고 인원, 무기·장비·탄약, 시설에 대한 수집 및 처리에 관하여 종합적인 방안을 검토하고자 한다.

<표 4-2> 무장해제 국가별 사례

구분 \ 국가	이라크	아프가니스탄	독일	한반도
목표	독재정권 타도	탈레반 정권 제거	합의적 흡수통일	절충형 흡수통일
국가체제	단일국가	중세부족 국가	분단국가	분단국가
무장해제 대상	이라크군	테러조직	동독군	북한군
무장해제 프로그램 추진	미국방부 주도 시행	UN지원 일부 시행	국가적 차원 추진	국가적 차원 추진 필요
국제적 협력	UN 미승인	UN 승인	국제적 협력	UN 승인

　　과거 이라크나 아프가니스탄, 독일 등 다른 국가들의 사례를 다양
하게 검토한 결과 독일 사례가 한반도 상황과 정확히 일치하지는 않
지만 여러 측면에서 유사성이 있다는 점과 자료의 구체성을 고려할
때 참조할 만한 부분이 많다고 판단된다.

　　통일 독일군은 동독 인민군 예하 1,460개 대대급 이상 부대를 인수
하여 해체하였고, 사단급 이하 제대는 동·서독군의 통합 지휘관 및
참모를 편성하여 운용하였다. 통일 독일의 군사력 규모는 약 37만 명
으로 감축하고 통일 후 동독지역에 1개 군단 규모의 부대를 배치하였
으며 동독으로 5만 명을 인수하였다. 계급 및 보수를 조정하여 실질
적 통합 노력을 하였다. 통일 독일군의 장비 및 물자처리는 육군 장
비는 탄약을 포함하여 대부분 폐기되었고, 해군장비는 13척의 고속정
만 인수하고 나머지는 대부분 폐선처리를 하거나 제3국에 이전하였으
며, 공군장비는 MIG-29기 24대를 인수하고 기타장비는 판매 및 폐기
하였고 탄약은 총 30만 톤 중 97%를 폐기하고 군사시설 및 토지문제
는 연방 재산관리청과 연계하여 처리하였다. 급변사태 시 무장해제절차

는 평화적 흡수통일 방식으로 무장해제를 시행한 독일의 절차와는 다소 차이가 있는데, 특히 저항 및 불응세력에 대한 무장해제 절차는 군사작전에 의한 강압적 방식으로 이뤄져야 하므로 상당히 다르다고 할 수 있다. 그러나 순응 및 우호세력 무장해제 절차는 독일과 유사하다고 볼 수 있다. 이러한 측면에 유의하면서 북한지역에서의 무장해제 절차를 도표화하면 다음 〈그림 4-5〉와 같다.

〈그림 4-5〉 무장해제 절차

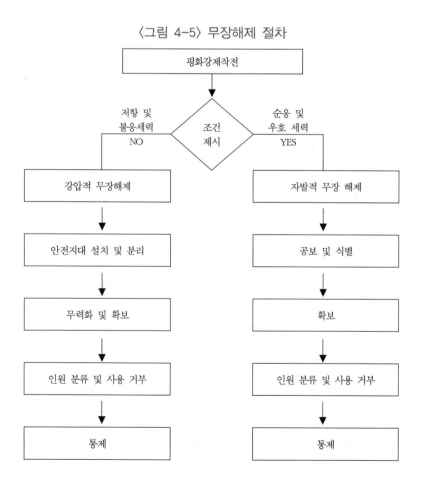

강압적 무장해제 절차는 먼저 안전지대를 설치하고 분리조치를 하는 것으로부터 시작된다. 작전 지역으로 진입하기 전 심리전을 수행하거나 협상을 하게 되며 지상 작전부대 진입의 정당성과 목적을 전파한다. 평화강제작전의 조건을 제시하고 무장해제를 권고하거나 설득한다. 또 우호세력을 이용하여 협상 가능성을 확인하고 협상을 하게 된다. 이때 협상 가능 시 장소, 대상, 조건, 설득, 논리 등을 개발하여 준비하여야 한다. 안전지대는 저항 또는 불응세력과 이격된 학교, 관공서 등 관리가 용이한 곳을 선정하고 임시수용소 설치를 병행하여 인도주의적 지원을 실시한다. 저항 또는 불응세력들로 하여금 주둔지를 이탈하지 못하도록 무력을 사용해서라도 감시해야 한다.

무력화 및 확보단계에서는 감제고지를 점령하거나 교통통제소·순찰로 등을 이용하여 접근로를 통제하는 등 저항·불응·세력의 외곽을 확보하는 조치를 실시한 다음 공군 및 포병화력을 이용하여 저항세력을 경고하거나 정밀 타격함으로써 투항을 강요한다. 필요시 기동부대를 진입시켜 부대를 장악하되 핵심시설(지휘통제실, 탄약고, 장비고)을 우선적으로 확보한다. 인원분류 및 무기, 장비 기능제거 준비를 위해 인원을 집결시키고 분류팀을 요청한다. 부대별 전문요원 지원 하에 인원 및 장비를 분류한다. 핵심세력(공산주의 및 주체사상 신봉)은 적성세력으로 분류 및 관리하며 단순가담자 중 일반 순응세력은 주둔지에 잔류시키고 적극 순응세력들은 통제요원으로 활용한다.

무기 및 장비 기능제거는 현장 부대 지휘관에 의해 종류별 처리 지침에 따라 기능을 제거한다. 함정이나 항공기, 로켓 및 유도무기 등은 특수처리팀 지원 하에 기능을 제거해야 하며, 장악한 부대 내 우호세력 중 전문 인력을 최대한 활용한다. 무기 및 장비 기능제거 후 주둔지 규모를 고려하여 통제부대를 편성하여 운용하되 우호세력을 최대한 활용하고, 저항 또는 불응세력의 접근 통제를 위해 순찰로, 교통통제소, 편의대 등을 지속적으로 운용한다.

자발적 무장해제 절차는 앞에서 언급한 강압적 무장해제 절차와는 다소 상이하다. 적극적인 심리전 활동이 지속되어야 하며, 지상 작전부대의 진입에 대한 정당성과 목적을 전파하고 평화강제작전의 조건을 제시하며 무장해제를 권고하고 설득한다. 무장해제의 방법, 시기 등에 대한 공보활동을 지속하여 특공부대나 우호세력을 이용하여 자발적 무장해제 대상을 식별한다.

자발적 무장해제 대상부대 확보를 위해 무장해제 집단 및 부대와 접촉, 협상을 위한 팀 구성 후 접촉 장소, 시간, 식별대책 제시 등 상호협조하고 협상 시에는 통합 시 우선선발하고 일자리를 부여하는 등의 조건을 제시한다. 인원분류 및 무기·장비 기능제거 절차는 앞에서 언급한 강압적 무장해제 절차와 동일하다.

외부로의 유출을 방지하기 위한 조치로는 유엔 국경감시단에 의해 통제하고 유엔 국경감시단 해체 이후에는 남한 군부대를 조직하여 통제할 수 있다. 예상 지역별로 감시소를 설치하여 운용하고 병력이 배치되지 않은 지역 또는 사각지역에 대해서는 항공정찰이나 탐색작전을 실시한다. 항만 감시는 항만 확보부대에 의해 우선 감시 및 통제하되 주요 항만 일대 해상봉쇄 및 통제를 위해 해군 전력을 요청하여 운용할 수 있다.

무장해제 후 군사교육은 북한지역에서 작전하는 남한장병에 대한 정신교육을 최소 주 1회 이상 지휘관 및 정훈장교에 의해 교육을 먼저 실시하고 집결지 행동간 집중 교육한다. 북한군 동화교육은 무장해제 된 북한장병을 대상으로 무장해제 된 집결장소 및 주둔지 단위로 교육하고 차후 단계에서는 북한군 전역자나 재편성된 장병 위주로 재배치 지역 및 부대 단위로 교육을 실시하며 연대급 이상 참모 등 주요직위자들에 대해서는 소집 및 집중교육을 실시해야 한다.

제2절 통일 이후 군사통합

한반도는 주변 강대국들의 이해관계에 직접적으로 영향을 미치는 중요한 지정학적 위치에 있으므로 주변국들은 향후 모습과 구상에 대하여 지대한 관심을 기울이고 있을 것이다. 통일 한국의 국방정책과 군사전략은 주변국의 우려를 불식하고, 통일 시에는 국방에 관한 명확한 방향과 지침을 제시할 수 있도록 설정되어야 할 것이다.

한반도가 통일될 시에 주변국들은 각 국가가 처하게 될 국제관계 변화와 통일 한국의 군사적 위상에 대해 우려할 것이다. 따라서 통일 한국의 국방정책과 군사전략은 주변국들의 이러한 우려를 해소해 줌으로써 주변국들이 한반도의 통일에 대하여 긍정적으로 평가하고 지지할 수 있도록 설정할 필요가 있다.

그리고 통일 전에 미리 작성하여 일부는 대외에 공개를 함으로써 통일과정에서 주변국들로부터 우려를 불식시킨 가운데 지원과 협조를 받을 수 있도록 조치할 필요가 있다. 또한 내부적으로는 통일 한국군이 어떠한 모습을 갖추고 어떠한 방향으로 지향해야 할 것인가를 명확하게 제시할 수 있어야 한다.

I. 통일 한국군의 국방정책과 군사전략

통일 한국의 국방정책은 국가의 미래는 물론 민족의 생존과 직결되어 있는 국가안보의 핵심 부분이고, 주변국에 미치는 영향이 지대하다. 통일 한국이 맞이하게 될 국방환경의 변화 또한 쉽게 예측이 되지 않는 이러한 어려운 국방 환경하에서 국방정책을 수립하는 것도 쉽지는 않을 것이다. 무엇보다도 통일 한국은 영토뿐만 아니라 국경선과 해안선이 확장되며 인접국의 군대와 마주서는 기회와 접촉면이 많아진다. 통일 이전에는 정도의 차이는 있지만, 군사 분야의 위협이 중요한 부문이었다면, 통일 이후에는 불확실성과 유동성이 증대되고 비군사적 위협이 커지는 현상이 나타날 것이다.

한편, 영유권, 민족적 이익, 경제, 기술 문제 등 국가이익과 관련된 갈등과 잠재적 분쟁 요인이 표면화될 가능성이 크다. 이와 같이 위협의 요인과 대상이 확대되고, 위협의 질적 변화도 예상되는 가운데 우방국과 동맹, 혹은 잠재적 분쟁 대상국이 혼재하는 상황에 처하게 될 것이다.[3]

국방정책은 국가의 안전보장을 뒷받침하는 개념으로 다음과 같이 대별된다. 특정국가의 안보에 의존하는 의존적 국방정책, 나홀로식 자주국방을 실현하는 고립적 국방정책, 국제적 협력체제하에서 자국의 방위 능력을 확충하는 협력적 국방정책, 타국가로부터 중립국가임을 보장받는 중립적 국방정책 등이다.[4] 우리의 국방정책은 통일 한국이 맞이하게 되는 대내외 환경을 고려하여 국방목표를 실현할 수 있도록

---

3) 권양주, 전게서, p.95
4) 조영갑, 『국가안보학』, (서울: 선학사, 2006), pp.209~218

협력적 국방정책을 기본으로 최적의 방안이 마련되어야 할 것이다.

통일 한국의 국방정책 목표는 자유민주주의와 시장경제체제를 유지하고 국민의 자유와 권리를 보장하며, 국가의 번영과 발전에 기여함과 동시에 동북아의 안정과 세계평화에 기여하는 방향으로 설정되어야 한다. 현재 우리나라의 국방목표는 "외부의 군사적 위협과 침략으로부터 국가를 보위하고, 평화통일을 뒷받침하며, 지역의 안정과 세계평화에 기여 한다."[5]로 되어 있다. 통일 한국의 국방목표는 현재의 목표 중에서 평화통일을 뒷받침한다는 부분을 제외하고 통일 한국의 국익위협에 전방위적으로 대비하며, 향후 통일 한국이 선진국으로 진입하는데 적극적으로 지원하는 개념을 보완하면 될 것이다. 통일 한국군은 통일 한국의 자유와 평화, 안전 그리고 독립을 위협하는 제반 요소를 제거하고 사전에 예방하기 위한 물리적인 생존수단을 확보하고, 주변국과도 협력하여 다자 간 협력안보 태세를 유지하고 지역의 안정에도 기여해야 한다. 그리고 더 나아가 통일 국가위상에 맞는 세계평화유지활동 등 세계 질서 유지에 적극 참여하고 이를 통해 국제적 위상을 높여나가야 하며 통일 한국이 선진국으로 진입할 수 있도록 적극 지원해야 한다.

통일 한국의 국방목표는 다음과 같이 구체화해 볼 수 있다.

첫째, 첨단 군사력과 군사외교 활동을 통해 한반도 및 주변 전쟁을 예방해야 한다. 이를 위한 군사력 건설이 요구된다. 둘째, 지역안보에서의 역할을 증대하고, 인접 국가와 협력을 유지하는 노력과 아울러 범세계적 군사 활동을 통해 국민의 국제적 활동 여건을 보장해야 한

---

5) 국방부, 『국방백서』, (2012), p.36

다. 마지막으로 평화유지군 파견과 같이 국제적 평화유지에 기여할 수 있어야 한다. 한반도가 통일되는 시점에는 세계화가 더욱 확대 심화되고, 그에 따라 국가 간에 이해관계를 조정하는 데에 고도의 외교 협상력이 요구될 것이다. 따라서 국가외교 중에서도 대외 군사외교 협상능력이 한층 강화되어야 하며 통일 한국의 경제적 번영과 국가발전을 안정적으로 뒷받침할 수 있어야 한다.

통일 한국은 변화하는 환경하에서 대내적으로 일관성을 유지하면서도 대외적으로는 융통성 있게 대비할 수 있는 국방정책 수립이 요구된다. 우리의 국력과 국가방위에 치중하고, 외침에 대한 국가적 준비태세를 잘 유지하는 문제와 국제적 안보를 고려하여 상호주의적인 동맹체제 범위 안에서 군사력을 건설하고, 전 세계적 협력, 저강도 분쟁을 위한 특수목적군 창설과 책임분담 능력을 갖는 문제에서의 균형감각[6]을 가져야 한다. 자체적인 군사력 건설과 함께 우리에게 유리한 안보환경을 구축하기 위한 적극적인 노력이 요구된다. 왜냐하면 안보 관련 상황은 객관적 사실로 고정되기보다는 행위자 및 사회적 조건에 의하여 역동적으로 변화하기 때문이다.[7]

통일 한국의 미래에는 국가이익권이 확대되고 군의 기여에 대한 요구가 증대될 것이므로 군사적인 대응전략뿐만 아니라 비군사적 위협에도 효과적으로 대응하기 위한 개념이 보완되어야 할 것이다. 특히, 미래에는 다양한 위협의 변화가 예상되는 만큼 주변국들의 직접적인 군사위협으로부터 잠재적 위협, 범세계적 국익 위협 등 다양하면서도

6) Robert Mandel, 권재상 역, *The Changing face of National Security-A Conceptual analysis* (서울: 간디서원, 2003), pp.83~87

7) 황병무, 『한국안보의 영역 쟁점 정책』, (서울: 봉명, 2004), p.104

광범위한 위협을 동시에 관리하는 총체적인 대응 전략 개념의 발전이 요구된다.

지난 30여 년간 우리 한국군의 군사전략 개념의 변화를 살펴보면 80년대 초반에는 북한 위협에는 공세적 억제전략을, 기타 외세의 도발에 대해서는 통합적 억제전략을 추구하였다. 80년대 중·후반에는 북한의 도발을 억제하되 북한이 도발 시에는 공세적 방어를 한 후 반격하여 통일을 달성하고자 하는 개념으로 발전되었다. 90년대에는 북한의 도발 시 최단시간 내 전쟁을 종결하고 국토 통일을 추진하는 대북 군사전략과 잠재 위협에 대하여는 국가의 상대적인 능력을 감안하여 선별적 보복권과, 방위 영역권을 설정하고 보복적 억제 달성과 적극적 방위 개념으로 군사력을 운용하고자 하였다. 2000년대에 들어서는 대북 군사전략은 한미연합방위 체제에 의한 억제를 추구하고 전면전 시에는 공세적 방위를 지속적으로 추구하였다. 또한 북한의 상황에 따른 대응전략 개념을 보다 세분화하였으며, 잠재적 위협에 대하여는 장기적 관점에서 현재의 한미 동맹 체제를 유지하여 연합 전력에 의한 억제를 추구함과 동시에 일부에 대하여는 자주적 방위체계를 강조하는 것으로 변화하였다.

최근의 전략 목표는 북한의 현존 위협뿐만 아니라 잠재적 위협에 추가하여 비군사적인 위협과 세계평화와 동북아 안정에 군사적인 기여를 목표로 추가하였다. 특히, 북한의 핵 위협과 비대칭위협에 대비한 전략 개념을 추가로 설정하여 이에 대한 군사력의 대비를 요구하고 있다. 군사기술의 발달에 따라 기존 잠재위협의 범위 또한 확대되었는바, 사이버 및 우주권을 추가하여 대응 개념을 제시하고 있으며 우주권의 경우는 동맹의 능력을 보완적으로 활용하는 개념을 유지하

고 있다.[8)]

한편에서는 군사전략을 군사외교·다자안보체제·유엔평화유지활동·군사적 신뢰구축을 포함하는 군사협력, 우방국과의 공조·정보능력 보유·응징보복·거부적 억제·대테러작전 수행 등을 포괄하는 위기관리, 그리고 즉응 반격·연합작전 등을 포괄하는 침략의 저지 등으로 확대하여 정의[9)]하기도 하지만, 한마디로 군사전략은 국방정책을 구현하는 개념이라고 말할 수 있다.

통일 한국의 국방목표를 달성하기 위한 군사전략은 통일 전 대북위주의 개념에서 대주변국 대비개념으로 부분적인 수정과 보완이 필요하다. 통일 한국의 군사전략개념은 특정의 적대세력을 설정하는 것보다는 한반도 주변에서 발생 가능한 상황을 상정하고, 이러한 사태에 대해 능동적으로 대처할 수 있도록 발전시키는 것이 바람직하다.[10)]

예컨대 통일 한국의 군사전략 방향에 대해 데이비스(Paul Davis)는 ① 직접적 침략동기 억제, ② 주변국과의 문화적, 전통적 우호관계를 통한 상호존중 유지, ③ 불가침조약 등 국제적 장치들을 통한 억제, ④ 침략 시에 입게 될 손실(물리적 손실, 국제적 고립, 봉쇄 등) 등을 고려한 억제를 강조하고 있다.[11)] 이처럼 통일 한국의 군사전략은 억제개념을 구현하는 방향으로 설정될 필요가 있다.

미래 군사전략을 수립하고 발전시키는 데 있어서 고려되어야 할 중

---

8) 노훈 외 국방발전 연구진, 『국방정책 2030』, (한국국방연구원, 2010), p.268

9) 이민룡, 『한반도 안보전략론』, (서울: 봉명, 2001), pp.67~76

10) 이창욱, 전게서, p.106

11) Paul Davis, Crisis Decision Making and Deterrence in Defense of States with Strong Neighbors; 최종철, 「통일을 대비한 남북한 군사통합 방안」, 『교수논총 16』 p.17에서 재인용.

요한 요소는 첨단 기술에 의한 시너지효과와 합동성에 의한 효과증대이다. 향후 군사기술 발전은 현재의 전쟁양상을 충분히 변화시킬 수 있을 만큼 획기적일 수 있으며, 군사력의 운용환경 또한 인구구조와 사회문화적인 변화 추세에 따르면 기술변화 못지않은 변화가 있을 것으로 판단되기 때문이다.

양상이 다차원화·복합화되어 감에 따라 통일 한국군은 이러한 다양한 양상에 대비해야 하며, 미래 한국군의 능력을 고려하여 군사전략을 발전시켜 나가고 이에 맞도록 군사력을 운용할 준비를 해야 한다.

〈표 4-3〉 미래의 위협과 도전 형태

요소	도전형태
시간	현재(present) 위협 대비와 미래(future) 위협 대비
공간	현실세계(real world)와 가상세계(cyber world)
차원	재래식 전쟁과 대량살상무기(WMD)운용 전쟁
수준	고강도 분쟁(HIC)과 저강도 분쟁(LIC)
유형	정규전과 비정규전, 전쟁 이외의 군사작전(MOOTW) 상황
전법	전격전(blizkreig) 형태와 게릴라전(guerrilla) 형태
성격	스마트(smart)/클린(clean)한 21세기 군사혁신 전쟁과 더티(dirty)한 4세대 전쟁
동맹	독자적 대비 상황과 한미연합 및 국제공조적 대비 상황
지역	국내적 안보상황과 국외적 안보상황 한반도 차원의 상황과 지역적 내지 글로벌 차원의 상황

출처 : 노훈 외 국방발전 연구진, 전게서, p.270

미래 통일시대에 예상되는 안보상황과 여건, 능력 등을 고려 시 중요하게 고려되어야 할 3가지 군사전략 분야와 개념은 주변국의 직접적인 군사 위협에 대한 적극적인 억제전략의 마련, 잠재위협에 대한 거부적 예방 억제전략 강구와 국내외 평화 및 안정화를 위한 전략의 정립이다.

주변 국제안보환경 등을 고려해 볼 때, 통일 한국군의 군사전략의 중심적인 주제는 자위적 공세 전략, 즉 거부적 억제력 보유와 공세적 방어전략이라 할 수 있다. 기본적으로 한반도 방위에 중점을 두되, 전면전을 포함한 국익에 위협이 예상될 때는 제한된 수준에서나마 공세적으로 전개할 수 있는 능력을 구비해야 한다. 즉, 전면전을 포함하여 제한전과 무력시위 의도를 억제할 수 있는 공세전력을 확보해야 함을 의미한다.[12] 이는 통일된 한반도의 미래 안보환경이 불확실하고 특정 위협을 가정하기가 어렵기 때문에 안보환경의 형태별로 전략목표와 대응개념을 수립하여 대처하는 방안으로 발전되어야 한다. 그리고 한반도에서 평화를 유지하기 위해서는 분쟁의 예방과 억제를 달성하는 것이 가장 중요하다. 이를 위해서 주변국과 우호관계를 유지하고 군사교류협력을 강화해야 한다. 이러한 평시 노력에도 불구하고, 억제에 실패하여 군사적 도발이 있는 경우에는 전장의 주도권을 조기에 장악하고 가급적이면 영토 밖에서 격퇴하도록 공세적 전략을 자위적 차원에서 강구해야 한다.

미래의 잠재위협은 절대적으로 우세한 군사력을 가진 위협에 대응해야 하므로 거부적 예방 억제 전략을 효과적으로 강구해야 할 것이다. 열세한 군사력을 가지고 효과적으로 대응하기 위해서는 한미동맹

---

12) 이민룡, 「남북한 군사전략과 통일 한국군」, 『한국군사』 제5호(1997), p.18

관계를 공고히 발전시키면서 주변국 간 다자협력을 통한 거부적 억제 전략을 추구하는 것이 상대적으로 열등한 국가가 취할 수 있는 전략이다. 또한 기술전력과 비대칭성에 의한 접근거부(anti-access) 전략을 동시에 추구하는 것이 주변의 강한 전력을 레버리지로 활용할 수 있다. 미래의 우리 군이 취할 수 있는 비대칭 우위전력은 상대적 우위가 가능한 동원예비전력의 비대칭성, 첨단기술력과 아울러 적용 측면에서의 상비전력 비대칭성 등을 들 수 있는데, 통일한반도 상황에서 비대칭성을 적극 개발하고 잠재위협에 대한 접근거부 전략을 현시할 수 있어야 할 것이다.

미래에 예상되는 분쟁은 소규모의 민족, 종교, 경제적 이해관계가 높은 곳에서 발생할 것으로 예상된다. 국력의 신장에 따라 자원 확보 소요 증대, 자국민 활동지역의 확대 등 보호해야 할 영역과 빈도 증가에 대비해야 한다. 잠재적 위협은 다양하면서 불확실하지만, 지속적인 국력의 신장을 위해서는 제 전투양상에 대처할 수 있어야 하며, 최신의 기술과 운용능력으로 첨단의 전투력을 유지할 수 있어야 한다. 그러나 잠재위협의 능력을 고려할 때 제 요소에서 모두 우위를 확보할 수는 없는 것이므로 선택과 집중이 요구된다. 무엇을 선택하고 집중 발전시킬 것인가가 미래 전략개념이 핵심이다.

미래의 상비군사력은 과거의 구조와 편성에 장비만을 첨단장비로 대치하는 것으로 능력을 발휘할 수 없으며, 최신의 기술을 적극 활용할 수 있는 구조와 편성을 갖춰야 한다. 그리고 미래 군사능력의 핵심은 첨단화된 감시정찰과 식별능력, 네트워크를 이용한 신속한 상호정보 교환, 신속한 지휘통제를 가능케 하는 인적 능력과 시스템, 긴밀히 협조되고 통합되어 목적에 집중할 수 있는 물리적 능력이 될 것이다. 물론 단·중기로는 전력운용의 효율화를 달성할 수 있는 합동성의 증대, 결심주기를 단축시켜서 지휘통제의 우위를 확보할 수 있는 지휘구조의 수평화 등이 추구해야 할 방향이다.

지상군의 경우에는 부대의 경량화와 기동화는 물론, 기계화전력을 주축으로 전력화하고, 특히 육군항공 전력의 증강 및 공정과 강습의 전력화와 공병 전투능력의 향상, 특전전력의 다양화 등에 중점을 두어야 할 것이다. 해군은 자주적인 해상기동전 수행이 가능한 기동함대의 편성·운용과 다양한 해상 전술 능력의 확보에 역점을 두고, 공군은 주변국들의 공군력 수준에 대응할 수 있는 고성능 전술기 확보와 최신 항공기 성능에 대응할 수 있는 방공능력 확보 등 공군의 기본전력 고성능화와 전략타격 및 종심타격능력을 갖춘 공격편대군 편성운용에 역점을 두어야 할 것이다.[13]

적극방어와 더불어 거부적 억제력은 적정 수준의 정예상비군을 보유하면서, 동시에 장거리 전략보복능력을 확보하는 한편, 고도의 조기경보 및 전쟁감시능력 등 3박자를 갖춘 군사력이 필요로 한다. 거부적 억제력을 보유한 상태에서 공세적 방어 전략으로 전쟁에서 승리하기 위해서는 각 군 간의 전력을 유기적으로 통합 운용할 수 있는 군사교리와 기술을 발전시키고, 전자전 능력과 정예화된 즉응 동원능력도 구비하여야 한다.

상비군의 첨단화는 실질적인 작전능력의 확대를 위해 자산의 물리적 능력 확대와 능력 발휘의 극대화를 위한 부대구조와 지원기능의 확대를 추구해야 할 것이다. 미래 관점에서 장기적으로는 무인화와 우주전력의 확보이며 단·중기적으로는 네트워크화와 정보 및 지휘통

---

13) 권양주, 전게서, p.100

제 능력의 확대이다. 화력과 기동 전력의 증대와 더불어 상기 능력의 배가 효과를 달성하기 위해서는 정보와 지휘통제 전력의 확대가 동반되어야 한다. 현시점에서는 정보와 지휘통제 분야만 발전시켜도 기존의 기동 및 화력 능력을 제고할 수 있지만, 장기 관점에서 보면 소프트웨어와 하드웨어의 능력 향상이 동반되어야 한다.

미래에 두드러지게 나타날 하드웨어분야의 변화 중에 하나는 병사체계와 무인전력체계이다. 지금까지의 정밀교전능력 향상은 어느 정도의 요망 수준에 도달할 수 있을 것이며 위성위치확인시스템(GPS), 혹은 위성 등 식별능력이나 명령전달체계의 발전에 상당 부분 의존할 것이다. 사이버 공간, 우주공간, 심리인식 공간에서의 능력도 더욱 중요하게 될 것이다. 사이버 공간을 점령하거나 마비시킴으로써 위협국가에게 우리의 의지를 관철시킬 수 있을 가능성, 혹은 그 반대의 가능성이 높아지고, 사이버 공간에서의 경제적, 정치적 의존도가 증가하고 있기 때문이다.

정밀 유도무기의 효과를 극대화하기 위해서는 분산된 적을 밀착시킬 수 있는 압박체계를 강구해야 할 것이다. 전통적인 압박체계는 지상의 전투력이 주로 담당해 왔다. 미래에도 지상 전력이 이러한 역할을 수행해야 할 것이며, 이를 위해서는 미래병사체계 구비와 무인 전력의 도입 확대가 요구된다.

구체적으로는 네트워크로 복합 체계화된 전력체계를 구축하고 관련된 첨단 군사기술을 확보하여 활용하는 것이 우선적으로 추진되어야 한다. 네트워크화된 전력은 현재 및 향후 기술 발전에 부합하는 의지마비전 수행 전력의 핵심인 동시에 군사력의 총체적 시스템 구성과 능력 발휘에 결정적인 역할을 할 것이다. 특히, 네트워크를 통한 물리영역에서의 긴밀한 협조와 통합 및 작전 템포 향상을 기대할 수 있다. 물론 정보 영역에서도 정보의 접근성과 가용성, 상황 인식 수준을 향상시킬 수 있으며, 인지 영역에서는 지휘의도 이해, 자율적 협동 작업과 자기 동기화 프로세스를 획기적으로 발전시킬 수 있을 것이다.

네트워크로 복합 체계화된 전력을 염두에 둘 경우, 소요전력의 중점은 기본적으로 현재보다 종심성, 정밀성, 치명성, 기동성, 기민성, 생존성, 지속성 등과 더불어 비용성, 가용성, 신뢰성과 정밀성 등을 현저하게 제고할 수 있어야 한다. 그리고 첨단화된 네트워크를 활용할 수 있는 전략적 수준의 지대지 미사일(SSM), 지대지/지대함 순항미사일(CM) 등을 중점 개발하여 효과를 증대시켜야 한다. 억제를 위해서는 감시정찰 능력의 공간 확대와 더불어 정밀성을 향상시키고 전파능력을 제고하기 위한 정보통신 네트워크의 지능화가 요구된다.

기동 및 화력은 지·해·공의 탑재체(platform) 전반의 스텔스화를 갖추어야 하며 무인기동화가 요구된다. 미래에 획득할 첨단 신규무기체계로는 비핵 전자기펄스(EMP) 폭탄, 고에너지 레이저와 고출력 마이크로웨이브, 흑연탄 및 섬광탄 등이며 독창적인 무기체계의 획득을 위해서는 자체 개발이 요구된다.

통일 한국군의 지휘구조 및 부대구조는 사회문화적인 양식과 운용할 무기체계의 특성에 부합해야 한다. 다양하고 복합적인 군사적·비군사적 위협에 대응하기 위해서는 융통성, 기능성과 전문성 등의 특성이 강화된 지휘제대 -작전·전술적 운용제대- 기능사급 부대를 체계적으로 구조화해야 한다. 이를 위해 지휘구조는 3군 중심구조에서 작전적 수준의 융통성과 기민성을 부여할 수 있는 임무형 구조로 재편되어야 하며 특히, 새로운 차원에서의 전쟁에 대비할 수 있도록 사이버 공간, 우주공간, 심리인식 공간 등을 전문으로 하는 부대 편성을 모색해서 대비해야 한다.

부대구조도 경직성을 탈피하여 편조형, 모듈형 체제로 전환해야 한다. 다양한 임무에 부합하도록 단위부대의 전문화와 모듈화가 필요하다. 특히 의사결정 단계에 개입하는 중간단계의 개선부대를 최소화하고 단순화해야 한다. 미래에는 부대의 역할이나 기능이 고정되기보다는 즉각적으로 변환하여 새로운 형태의 작전수행에 용이하도록 설정되어야 할 것이다. 즉, 다양성과 임기적인 편성 및 운용에 의한 효과 발휘가 가능해야 한다.

현 3군 체제는 전장 차원의 확대와 능력의 중복 등으로 점차 구분이 모호해지면서 실제 작전에서의 합동성이 더욱 요구될 것이며 이를 통해서 지상에서의 능력을 향상시킬 수 있을 것이다. 즉, 지상, 해상, 공군 등 각 군의 전력이 네트워크를 이용하여 동기화(同期化) 체계를 구축하고, 각 군의 독자적인 작전보다는 시스템의 일부로 합동작전에 기여하는 부분이 작전의 주가 될 것이기 때문이다. 이러한 통합운용은 대규모 작전에서뿐만 아니라 전술급 수준에서도 통상적인 작전형태일 것이며, 이를 위한 C4I 체계의 완전한 동기화(synchronize) 기능이 구축되어야 할 것이다.[14]

2. 적정 군사력 규모 및 배치

한 나라의 적정 군사력 규모를 판단하고 결정하는 것은 그리 쉽지 않은 일이다. 국토의 크기와 인구수, 국경선의 지리적 특성, 경제력

---

14) 노훈 외 국방발전연구진, 전게서, p.219

규모, 군사력 운용 환경, 국민의 정서와 주변국의 군사력 규모, 동맹 및 외교관계, 국가목표와 국방정책 및 군사전략 등 내외의 다양한 요인들이 동시에 검토되어야 한다.

통일 이후 통일 한국의 적정 군사력 규모를 판단하기 위해서는 상당히 논리적이고 체계적이며 종합적 분석 절차와 과정을 거쳐 이루어져야 할 것이다. 단순히 유사한 환경에 있는 나라의 군사력 규모를 참고하거나 인구수를 고려한 군사적 규모의 결정은 너무나 단순하고 합리적이지 못 할 수가 있다.

적정 군사력규모를 결정하기 위해서는 먼저 통일 한국의 국가이익을 생각해야 하며 국가이익은 세계 속에서 통일 한국이 추구하게 되는 최상의 가치가 될 것이다. 다음은 국가이익을 달성하기 위한 국가목표의 설정이다. 국가이익 실현을 위한 보다 구체적인 국가 목표를 세워야 한다.

국가목표는 국가 총 전력의 실질적인 지향점이 되며 구심점이 되어야 한다. 이러한 국가목표를 달성하기 위해서는 국가안보 측면에서의 국방정책의 수립이 요구되는데 국방정책 수립을 위해서는 정세분석, 즉 세계정세, 동북아 정세, 한반도 정세를 분석하고 통일 한국에 다가올 위협을 구체적으로 분석해야 한다. 즉 주변으로부터의 직접적인 군사위협, 잠재적인 위협, 비군사적 위협 등을 분석해야 한다. 이러한 정세분석과 주변의 위협 분석을 기초로 국가목표를 달성할 수 있는 국방정책을 수립해야 한다. 통일 한국군의 국방정책은 앞에서 제시를 하였으며, 이러한 국방정책을 수행하기 위해서는 군사전략이 필요하다.

통일 한국군의 군사전략은 기본적으로 한반도 방위에 자위적 차원의 적극적 공세전력을 운용하겠다는 자위적 공세전략으로 제시하였다. 군사전략이 수립되면 싸우는 방법과 개념인 전장운용개념을 수립해야 한다. 주변국의 위협에 대비하여 군사전략을 구사하기 위해서는 어떠한 부대 구조와 편성, 배치, 무기체계를 가지고 어떠한 전장운용 개념, 즉 싸우는 방법과 개념이 결정되면 이를 구현하기 위한 전력의 소요가 계산될 수 있을 것이다. 즉 부대구조와 편성, 개략적인 배치, 소요되는 무기체계와 수량 그리고 이를 지원하기 위한 지원소요 등이 나올 것이다.

이러한 과정을 거치면 결국 통일 한국의 적정 군사력규모를 군사전략 수행 측면에서 계산해 낼 수 있는데 여기에 인구 및 경제력규모를 고려하여 소요되는 군사력의 획득과 유지가 가능한가를 판단해 봐야 한다.

통일 한국군은 주변국을 고려한 적정 군사력규모를 결정해야 하는데 120만 정도의 북한군과 60만 정도의 한국군의 규모를 감안해 보면 초기에는 상당한 규모의 병력을 유지하면서 상황의 전개를 고려하여 단계적으로 감축시켜 나가는 방안도 고려해 볼 수 있다. 이 부분에 대해서는 부록에서 '적정군사력 소요판단' 제목으로 자세히 다루었다.

장차 예상되는 부대구조와 편성을 기초로 군사전략개념을 구현하기 위한 개략적인 통일 한국군의 배치를 구상해 보면, 현 한국군을 모체로 하여 통일 한국군을 편성함을 고려하여 국방부 예하에 합동군사본부를 두고, 육·해·공군 본부와 4개 지역 사령부(동부, 서부, 남부, 북부)를 편성할 수 있다. 이러한 배치를 고려하여 육·해·공군의 병력 규모를 판단해 보면 다음과 같다. (부록 4. 통일 한국군의 배치 구상 참조)

<표 4-4> 통일 한국군 규모 판단

총병력	육 군							해군	공군
	소계	사령부 및 지원부대	동부사	서부사	남부사	북부사	전략/ 기동 군단		
55만	30만	9만	3만	3만	3만	6만	6만	15만 (해병대 포함)	10만

육군의 배치는 중국과의 국경지역에 보다 강화된 경계와 대비를 고려하여 북부사령부에 6만 병력과 전략/기동 군단 3만여 병력규모를 배치하여 대비하고 서부, 동부, 남부 지역은 해안선 경계 및 내륙지역 안정을 위하여 각각 3만 명 정도의 규모를 배치하며 중앙지역에 전략/기동 군단 3만 명을 배치하여 운용하는 것으로 고려하였다. 해군은 3면이 바다인 점을 고려하여 확장된 경계 작전 지역과 해양으로부터의 제반 위협에 대비하기 위하여 15만 명 규모의 전투력을 판단하였고, 공군도 확장된 공군 작전 지역과 주변 관심 작전 지역의 확장성을 고려하여 10만 명 정도의 규모를 판단하였다.

<표 4-5> 통일 한국군 적정 병력 수 관련 기존 연구 결과

연구자	통일시 적정병력수	병력수/인구수(%)	인구 기준수
김충영	40~46만 명	0.6~0.7	6,650만 명
박재하	57만 명	0.934	6,000만 명
윤진표	36만 명	0.5	7,000만 명
이병근·유승경	46만 명	0.67	6,900만 명
이창욱	50만 명	0.7	7,000만 명
이희선·김기수	40만 명	0.58	6,900만 명
제정관	50~60만 명	0.7~0.85	7,000만 명
조동호	44.2만 명	0.64	6,900만 명

출처 : 권양주, 전게서, p.190

참고로 통일 한국군의 적정 군사력 수준 판단과 관련한 기존의 연구결과는 위의 〈표 4-5〉와 같다. 통일된 국가의 적정 병력 수는 인구의 기준이 다르므로 통일 한국의 인구를 대략 7,000만 명으로 산정시에 인구대비 병력 기준 평균 분포율을 0.6~0.7%로 고려하면 42만 명~49만 명으로 나타나고 있다.

이는 카프만식 다중회귀 선형분석 방법(〈표 4-6〉 참조)에 의한 중진국형인 병력 수 39~50만 수준과 비슷하게 나타나고 있음을 알 수 있다.[15]

통일 한국군의 군사전략개념과 부대구조 및 편성 등을 기초로 한 개략적인 부대 배치에 의한 규모판단과 인구수를 고려한 적정 비율, 카프만식 다중회귀 선형분석 방법에 의한 판단결과 등을 종합해 보면 대략 50만 명 내외의 병력이 적정규모로 판단된다.

〈표 4-6〉 카프만식 다중회귀선형 분석법에 의한 군사력 규모

병력질(지수) 국방GNP(%)	후진국형(병력집약)		중진국형	선진국형 (기술집약)	
	하	중하	중	중상	상
3.0~3.5	45~51	40~46	39~45	36~42	31~37
3.5~4.0	51~57	46~52	45~50	42~48	37~43

출처 : 권양주, 전게서, p.191

그러나 현재 남북한 군의 병력 수가 180만 정도이며 작전 경과에 따라 일부 규모는 변동될 수 있지만 50만 정도로 통합시 약 130만 정도의 남·북한군이 사회로 환원되어야 하며, 이들은 또 하나의 사회문제로 심각하게 대두될 가능성을 고려해야 할 것이다. 따라서 통일

---

15) 장명순 외, 『미래전 대비 상비사단/전방군단 적정모델 연구』, (서울: 한국국방연구원, 2000), p.39

후 초기에는 주변상황의 불안전성에 대비하고 북한군의 편입 규모를 고려하여 70만 정도의 규모를 유지하다가 상황이 안정되면 점진적으로 50만 규모로 감축 유지하는 방안이 효과적일 것으로 보인다.

3. 병력통합

군사통합 부문 중에서 북한군 편입병력 규모 결정과 더불어 병력통합은 가장 어려운 과제라고 할 수 있다. 통일 한국의 병력규모가 결정되어도 남북한 병력비율을 어떻게 결정할 것인지, 통합된 병력에 대한 계급조정과 복장 등은 어떻게 조정할 것인지, 통합 초기의 급여 등 복지는 어느 수준으로 할 것인지, 이질화되어 있던 남북한 장병들이 얼마나 빨리 동질화시킬 수 있을지, 그리고 전역대상자들에 대한 처우와 생계대책은 어떻게 강구해야 하는지 등 고려해야 할 사항들이 참으로 많다.

〈표 4-7〉 독일 통일시 동독군 편입인력 변화

(단위 : 명)

구 분	계	장교	하사관	병
통일시(1990.10.3.)	50,000	24,000	23,000	3,000
2년 근무자	25,000	11,700	12,300	1,000
1차 선발(1991.12.1.)	18,000	6,000	11,200	800
장기 지원자	15,000	5,600	9,200	200
최종선발	10,800	3,000	7,600	200

출처: 국가안전 기획부, 전게서, p.174를 도표화

통일이 발효된 이후에는 군사통합에 필요한 최소인력만 선발·편입시키고, 기타 인원은 전원 전역 시키는 것이 바람직하다. 북한군 감축은 북한군 자체로 하거나 한국군의 주도하에 할 수도 있을 것이다. 통일 독일군에서 동독군이 차지하는 비율은 최초에는 13.5%(37만의 7만)이었으나 위의 〈표 4-7〉에서 보는 바와 같이 점차 줄어들어 3년이 지난 후에는 약 1만 8백여 명만 잔류하게 되었다.16)

남북한이 「절충적 흡수통합」 방안으로 통합시에도 남북한은 북한군의 편입병력 규모, 계급 부여 등의 기본적인 사항에 대한 검토가 필요하다. 따라서 군사통합 초기의 편입 규모는 최소화되도록 할 필요가 있다. 여기에서는 순수하게 병력 그 자체를 어떻게 분류하고 조치해야 하는지를 중심으로 제시하려고 한다.

북한군 병력 통합에 있어서 먼저 적성세력은 북한군 현역, 예비전력, 치안조직의 수뇌급 등 북한인구의 약 30% 정도가 될 것으로 판단하고 있다. 적성세력 관리의 기본개념은 제대별로 수집소, 수용소를 운영하여 체계적으로 관리하되, 현역 및 예비전력, 치안조직, 민간인을 구분하여 수용하고 명부, 표찰 작성, 훈장, 수용 등 행정기록을 유지해야 한다. 북한은 병력 통합 및 처리문제에 있어서 가장 핵심적으로 조치해야 할 과업으로는 부대 해체 및 신편, 병력 인수 및 강제전역 대상자 식별, 지속 활동 인력 규모 판단 및 인사관리가 포함된다.

병력통합 및 처리는 북한지역 부대편성 개념에 따라 신편부대의 편성을 보장할 수 있도록 추진되어야 한다. 인수대상자 선별 및 처리를 위해서는 먼저 전역대상자를 구분하는데 대좌 이상 장교, 50세 이상

---

16) 동독군 중에서 군에 잔류하도록 최종 선발된 자는 1만 8백 명이었으나, 그 후에 실제로 군 생활을 계속하고 있었던 사람은 4천 5백여 명으로 알려지고 있다.

간부, 정치·보안 부대 등 핵심 부대 근무자들이며, 이들은 퇴직금 및 보상금을 지급한다. 인수대상자는 별도 선발위원회의 심사를 거쳐 능력과 소요를 고려하여 선발한다. 부대편성 소요에 따라 새로운 인원 선발은 사상 건전성, 계급과 정책의 활용 가능성, 특별한 지식이나 능력, 자질 또는 자격증 보유여부를 고려하여 선발/보직 활용한다. (부록 5. 병력 통합 및 처리 개념도 참조)

4. 무기·탄약 및 장비 통합

통일 직후에 통일 한국군의 병력, 무기, 장비 및 탄약의 규모는 현 남북한 군사력을 대략적으로 합한 규모가 될 것이다. 병력은 180여 만 명, 주요장비인 전차 6,600여 대(남한 2,400대+북한 4,200대), 야포 13,900여 문(남한 5,300+북한 8,600), 다련장/방사포 5,000여 문(남한 200+북한 4,800), 전투함정 540여 척(남한 120+북한 420), 전투기 1,280여 대(남한 460+북한 820)[17] 등이다. 이와 같은 상당 규모의 전투력은 앞에서 제시한 바와 같은 적정 규모의 전투력으로 조정하여 통합 과정을 거쳐야 한다.

통일 한국군의 무기체계는 현재와 장차 전력화될 최신 무기체계 위주로 활용되어야 할 것이다. 한국군을 근간으로 통합이 이루어지기 때문에 무기체계도 한국군 무기체계를 기준으로 하되 현대화된 무기들만 엄선하여 통합하고 노후화된 무기체계는 제외시켜야 할 것이다. 북한군의 무기체계는 노후화되어 있는 무기들이 대부분이어서 이들을 교체하는데 많은 예산과 시간이 소요된다. 또한 경제난을 극복하기

---

17) 국방부, 『국방백서』, 2012, p.289

위해 경제성장에 대한 투자의 증가 등으로 인하여 현대화 작업이 이루어지지 않을 가능성이 높다. 일반적으로 러시아와 동구 측의 무기체계가 대부분인 북한에 비해서 미국과 서구 측의 무기체계를 수입하는 남한이 무기체계 면에서 상대적으로 앞선다는 점을 고려하면 북한군의 무기와 장비는 남한 위주의 전력을 보완하거나 개선할 만한 가치가 있는 것들을 우선적으로 선별 통합하여 활용하는 것을 원칙으로 하여 한국군이 미보유한 최신무기체계나 기술 성능이 우위에 있는 것들을 통합해야 한다.

무기, 탄약 및 장비를 효과적으로 통합하기 위해서는 먼저 통일 한국군에 소요될 무기, 탄약 및 장비의 적정규모와 양을 판단해야 한다. 통일 한국군이 보유해야 될 적정량의 무기, 탄약 및 장비의 규모가 결정되면 현재 보유하고 있는 무기, 탄약, 장비 중에서 활용할 것과 활용하지 않을 것을 구분하여 처리하면 될 것이다.

통일 한국군에 소요될 적정규모의 판단은 앞에서 도표로 제시한 적정 군사력 규모 판단 개념과 유사하다. 먼저 통일 한국군의 군사전략 개념을 수립하고 군사전략 개념을 구현하기 위한 전장운용개념(싸우는 방법/개념)을 구체화하여 이러한 전장운용개념에 맞는 부대구조와 편성, 배치, 무기체계 및 장비/탄약 소요를 판단할 수 있다. 통일 한국군의 군사전략개념을 구현할 수 있는 소요가 도출되면 당시 인구와 경제 규모, 북한군으로부터 편입되는 병력규모와 인수하여 활용할 수 있는 무기, 탄약 및 장비 규모를 판단하여 통일 한국군이 보유해야 할 적정 규모를 결정할 수 있다. 한국군을 기준으로 하여 북한군으로부터 인수하여 활용할 통일 한국군의 통합된 무기와 장비를 갖추게 되는 것이다.

무기, 탄약 및 장비는 전체를 활용과 불용으로 구분하고, 활용할 무기와 장비는 편제 반영하거나 비축용으로 활용한다. 불용 무기 및 장비는 해외 판매 및 지원, 기타 목적으로 처리하고 나머지는 완전 폐기 처리한다. 무기, 탄약 및 장비통합 소요판단/처리절차에 대한 도표와 구체적인 설명은 〈부록 6〉에서 제시하였다.

탄약은 무기분류와 일단 동일하게 분류한 후에 그 상태에 따라 사용여부를 재판단할 필요가 있다. 즉, 어떤 특정 무기가 활용으로 분류되면 해당 탄약은 활용으로 분류하고, 무기가 불용으로 판정되면 탄약도 불용처리를 한다.

무기와 탄약은 항상 위험성이 따르므로 통합 초기에 조기 안정을 유지하기 위해서는 보다 철저한 통제대책이 강구되어야 한다. 무기와 탄약의 안정성을 보장하기 위해서는 먼저 무기와 탄약을 분리하여 별도 보관조치가 필요하다. 그리고 무기는 뇌관과 같은 핵심부품을 몸체로부터 분리하고, 탄약은 신관을 제거해야 한다. 독일은 통일이 발효되기 이전에 이러한 조치를 하였다. 그랬음에도 불구하고, 통일 후 6개월 동안 탄약고 침입사건이 45건, 병기와 탄약 분실사건이 54건이나 발생하였다고 한다. 남북 군사통합시에도 유사한 사건이 발생될 수 있으므로 이에 대한 대비가 필요하다.

북한군은 현재 독일이 통일될 당시의 동독군의 열 배가 훨씬 넘는 병력 규모를 유지하고 있다. 동독군은 20만 명도 되지 않았으나, 독일은 무기와 장비, 탄약을 인수받아 이를 처리하는 데에 많은 노력과 비용을 지불하였다. 독일이 접수한 구동독군 장비 및 무기는 총 191종의 무기와 이와 관련된 장비 123만여 개, 약 10만 대의 자동차와 궤도차량, 약 9만 5천 대의 무전기, 전기 및 전자시스템, 그리고 27만 5

천여 개의 각종장비를 인수받았다. 탄약은 532종에 약 30만여 톤을 인수받았다. 이를 감안하면, 남북한이 군사통합시 북한군으로부터 인수하여 처리해야 할 장비와 탄약의 양은 상상을 초월할 것이며, 독일보다는 훨씬 더 많은 노력과 비용은 물론, 위험성이 내포되어 있다는 것을 짐작하게 하는 대목이다.[18]

북한군이 보유하고 있는 무기체계 중 통일 한국군에서 사용 가능한 재래식 무기는 그리 많지는 않을 것으로 판단된다. 북한은 80년대부터 경제난으로 인해 재래식 무기 증강보다는 비대칭전력의 강화에 주력해오고 있는 것으로 분석되고 있다. 통일의 시기를 향후 최소한 15년 이후로 상정해본다면 대량살상무기와 소수의 첨단장비를 제외하면 대부분의 북한장비는 수명주기를 다할 것으로 판단된다. 따라서 통일 한국군에 편제할 수 있는 북한의 재래식 무기와 장비는 종류도 적고 수량도 많지는 않을 것이다.

무기나 장비를 폐기 처리하는 데에도 상당한 노력과 비용, 시간이 소요되므로 북한군의 무기 및 장비를 일방적으로 폐기하는 것보다는 선별적으로 활용도를 높일 수 있도록 해야 한다. 상호운용성(interoperability)의 문제와 부품 및 사후관리 등을 고려해 볼 때, 북한의 구식 재래 무기체계를 대부분 폐기하는 것이 효율적이겠으나, 일부 전략무기는 재활용하도록 하는 것이 전력증강과 경제성의 문제를 해결할 수 있는 선택이 될 수도 있을 것이다.[19]

---

18) 권양주, 전게서, p.201

19) 최종철, 「통일을 대비한 남북한 군사통합 방안」, 『교수논총 16』, (서울: 국방대학원, 1999), p.184

5. 시설통합

남·북한군이 사용하는 군사시설은 현재 180여만 명이 사용하는 시설들이며 통일 한국군 50~70만 규모를 고려 시 대략 1/3 규모 정도를 줄여야 할 것이다. 남북한 군사시설들을 통합해나가는 과정도 그 규모와 열악한 환경들을 고려할 때 단순하지 않을 것으로 본다.

통일 독일의 경우 동독군이 사용했던 군사기지, 훈련장, 병영시설 및 부지 등을 통일 독일군이 인수하였으나 예기치 못했던 갑작스런 통일로 인수시설에 대한 사전정찰과 구체적인 사용계획을 수립하지 못하여 많은 차질이 발생하였다. 통일 전 동독군의 규모는 순수 동독군 17만여 명, 예비군 32만 3천여 명, 소련군 38만 5천여 명 정도였으며 서독군이 동독군으로부터 인수한 시설은 900여 개의 주둔지, 2,000여 개소의 소유지, 병영시설 760개, 대규모 훈련장 9개소, 단위 부대훈련장 19개소, 부지 20만 헥타르였다.

이와 같은 인수 시설 및 토지에 대한 군사력운용계획, 부대배치계획, 지역개발계획, 국토이용계획 등의 세부 사용계획을 완벽하게 수립하지 않은 상황에서, 국방성이 활동계획을 수립하는 것은 처음부터 불가능하였다. 따라서 통일 초기단계에 많은 혼란과 어려움이 있었다.[20]

동독의 경우 소련군을 통합하여 현역군이 55만여 명 정도이다. 북한군의 120만여 명의 현역 규모를 볼 때 약 2배 정도의 큰 규모인데 이를 인수하여 통합하는 과정과 절차는 매우 복잡하고 어려운 과정이 될 것이 분명하다.

남북한 군사시설을 통합하는 소요는 어떻게 판단해야 하며 어떠한

---

20) 하정열, 『한반도 통일후 군사통합방안』, (서울 : 팔복원, 1996), p.183

절차를 밟아야 효과적일 것인가? 통일 한국군이 사용하게 될 군사시설의 소요를 판단해보고 이러한 소요에 따라 사용해야 될 시설과 사용되지 않을 불용시설을 구분 처리하면 될 것이다. 물론 현재 남·북한군이 사용해왔던 군사시설의 전체 총 가용시설의 현황을 정확히 파악하여 유지하는 것도 매우 중요하다.

통일 한국군이 사용해야 할 군사시설의 소요를 판단하기 위해서는 통일 한국군의 군사 전략으로부터 이를 구현하기 위한 전장 운용개념을 정확히 이해하고 이러한 개념에 충족하는 개략적인 부대배치를 구상해야 한다. 개략적인 부대배치를 구상할 때에는 남북한 총 가용시설을 참고하여 활용 가능성을 기초로 판단해야 하며 현 군사시설을 작전적/경제적인 측면에서 효과적으로 활용할 수 있는 지역을 고려하여 세부적인 부대와 군사시설을 배치해야 한다.

통일 한국군의 군사전략과 전장운용개념을 구현할 수 있는 세부 부대와 시설배치가 판단되면 이를 기초로 군사시설 통합소요를 정확히 판단할 수 있다. 다음에는 부대와 시설의 배치에 긴요한 필수시설 소요와 이를 보장하기 위한 부수시설 소요가 판단될 것이며, 이러한 군사시설 통합소요가 나오면 사용되지 않는 시설들은 불용시설로 판단하여 매각하거나 민간에 이관하는 등 처리를 하면 될 것이다.

군사시설 통합소요가 판단되면 현 군사시설을 개발/활용하게 되는데 기존시설을 그대로 활용하는 방안과 보수 또는 신축하여 사용하는 방안들로 발전시켜 활용하게 된다. 시설통합소요 판단 및 처리절차에 대해서는 부록 자료에 상세히 기술하였다.

남한지역의 군사시설들은 아직도 일부 낙후된 곳도 있으나 그동안 많은 노력을 하여 환경문제나 편의성 등이 획기적으로 향상되었다.

상대적으로 북한지역에 있는 군사시설을 통합하는 데는 편의성, 환경 문제 등 많은 어려움과 예산이 소요될 것으로 판단된다. 북한지역의 군사시설을 통합함에 있어서 다음과 같은 몇 가지 주안을 두고 추진할 필요가 있다.

첫째, 통합 초기에는 북한지역의 모든 군사시설을 군에서 확보하고 민간출입을 통제하는 등 경계대책을 강구해야 한다. 국유화되어 있는 북한 지역의 모든 토지와 시설은 국가계획에 의거 민간 사유화 조치가 이루어질 텐데, 이때 군사시설은 국·공유화 조치를 하여 군에서 확보 관리하고 안전조치를 실시해야 하며 차후 활용 여부에 따라 민간에 이관되기 전까지 확보하여 관리되어야 한다.

둘째, 모든 군사시설은 안전위해요소를 점검하여 제거하거나 통제하는 등의 안전조치를 강구해야 한다. 군사시설 주변에는 지뢰, 철조망 등 불안전 요소 등이 많고 무기류와 탄약 등이 잔재되어 있을 수 있으므로 군 장병뿐만 아니라 민간 시민들의 안전에도 상대한 피해를 줄 수 있다. 그러므로 군대에서 운영하고 있는 탄약 처리반이나 민간 전문가들을 활용하여 모든 군사시설 내부와 주변에 안전위해요소들을 점검하고 제거하는 등의 조치를 취해야 한다.

셋째, 기존 시설들의 작전적 이점과 경제성을 고려하여 활용해야 한다. 북한지역의 많은 군사시설들을 전략적, 전술적 이점과 활용목적을 가지고 설치하고 배치하였다. 따라서 통일 한국군의 군사전략과 전장운용개념을 수행하는 데 작전적으로 필요한 군사지역과 시설은 기존시설을 최대한 활용하되 시설을 재사용함에 있어 소요되는 보수 및 신축예산 소요를 판단하여 경제성 있는 시설을 활용할 수 있도록 해야 할 것이다.

넷째, 미래통일 한국군의 위상과 비전을 가지고 군사시설과 기지 등을 확보하고 설계해야 한다. 통일 한국군은 향후 세계적인 한국군으로 위상을 갖추고 발전해 나가야 함을 감안하여 이에 부합된 시설과 부지를 사전 확보하는 개념으로 통합을 추진해야 한다. 향후 첨단 과학기술군으로서의 역할을 수행하는 데 필요한 훈련장과 시험장, 기지 등을 충분히 감안해야 하며 군사전략개념을 수행할 수 있는 해군 항만과 기지, 전략공군의 역할수행을 위한 충분한 기지 등을 고려하여 미래적 안목으로 군사시설을 확보해야 한다.

다섯째, 남한군의 애로사항을 해결할 수 있도록 보완적 통합이 필요하다. 현재 남한군은 훈련장과 해·공군 기지 등 많은 민원과 어려움을 겪고 있다. 이러한 문제점들을 해소할 수 있도록 북한지역에 충분한 훈련장과 기지 등을 확보하여 해소될 수 있도록 처리해야 한다.

여섯째, 군사시설의 경제성, 환경오염문제, 군 장병의 복지 문제, 주변 주민생활 여건 보장 차원의 민원 문제 등을 종합적으로 고려하여 통합을 추진해야 한다. 보수 소요가 많이 들거나 시설 유지비가 과다하게 발생될 것으로 예상되는 시설들은 불용처리하고 필요시 기관이나 민간에 이관하여 처리해야 한다. 북한시설은 대부분 건물이 노후되고 전기, 통신, 기계 설비 미비 등으로 한국군 시설 기준에는 크게 미치지 못할 것으로 판단되며, 지하 시설 등 신축보수 소요가 많아서 경제성이 떨어질 것으로 판단된다. 북한지역 군사시설들은 환경오염문제도 매우 취약할 것이며, 군 장병들의 복지 생활여건 면에서도 매우 열악할 것이다. 향후 통일 한국군의 많은 장병들이 북한 지역에서 주둔하며 생활해야 하므로 복무기피현상이 발생하지 않도록 이런 점을 감안하여 시설을 배치하고 통합해야 할 것이다.

일곱째, 현 휴전선 부근에 집중적으로 배치되어 있는 군사지역과 시설들의 효과적인 활용과 통합문제이다. 현 군사분계선, 휴전선 남북으로 상당규모의 군사시설이 집중되어 있다. 통일 후 군사전략 개념이 달라지고 군사적 배치가 변화함에 따라 이곳에 집중 배치되어 있는 현 군사시설들은 역사적 관점에서의 활용과 분산 배치 등이 구체적으로 검토되어야 할 과제이다. 환경보존과 역사적 보존 가치가 있는 시설들은 국가적 차원에서 확보하여 보존해야 하며, 향후 통일한국군의 군사전략개념에 부합된 기존시설의 효과적인 활용, 불필요한 시설의 불용 처리 등 별도로 연구되어야 할 중요한 과제라고 생각된다.

제 6 장

결 론

남북한은 긴장된 군사적 대치상황 속에서 군사대국화가 되어 있고 상당한 규모의 상비 병력과 무기체계를 비롯한 고도의 첨단 전력을 보유하고 있다. 통일의 과정에서 국가의 안정성 확보문제는 매우 중요하며, 안정이 확보되지 않으면 실질적인 통일은 쉽지 않을 것이다. 군사통합문제는 통일과 국가 통합을 위한 일부이긴 하나, 국가 안정성 확보차원에서 보면 가장 중요한 핵심과제이다. 현재 남북한이 처한 특수 상황을 감안하면 남북한 군사통합 문제는 남북통일 과업의 성패를 좌우하는 관건이 될 것이다.

　우리가 바라는 이상적인 남북한 통일은 남북한 상호 합의에 의한 평화적 절차에 의한 통일이다. 남북한 군사통합 역시 합의에 의한 평화적 군사통합의 과정을 거치는 것이다. 그러나 현재의 남북한 대치상황과 북한의 3대 세습, 선군정치에 의한 독재체제 유지 등 상호합의에 의한 평화통일은 당분간 쉽지 않아 보이며, 그동안 논의되어 오고 있는 북한의 식량난과 권력 장악과정의 갈등, 체제 불안 등에서 오는 급변사태는 우리가 원하지 않는다 하더라도 우리 앞에 현실로 나타날 수 있는 상황이다. 어느 날 갑자기 다가온 급변사태 상황에서 우리가 어떻게 대처하고 이를 통일의 기회로 만들어 가느냐는 우리의 역사적 소명이라 할 수 있다.

　급변사태 시 남북한 군사통합의 큰 개념과 세부절차에 대해 군에서도 관심이 증대되고 있고 연구와 훈련의 과정을 거쳐 발전시키고 있다. 그러나 군사통합 과정에서 나타날 수 있는 예상되는 문제점과 후유증, 이를 고려한 구체적인 방안들은 연구가 미흡한 실정이다. 따라서 이 책에서는 급변사태 발생 가능성을 전제로 하되 발생 가능성이 높은 당 또는 군부 내부에 의한 북한 내 내분사태로 상호 교전하는 혼란 상황을 상정하여 통일과정과 통일 후에 나타날 수 있는 문제점과 후유증의 최소화 방안에 대하여 제시하고자 하였다.

먼저 군사통합의 개념을 '국가 통합의 핵심 과업으로서 분단된 두 국가의 군대를 합치는 과정이며, 합쳐진 이후의 상태를 뜻하는 것으로서 군사통합은 그 과정과 절차 그리고 결과에서 통일된 국가이념과 목표, 추구하는 가치가 맞아야 하고 다른 두 개의 지휘체계가 통일된 하나로 묶이면서 군 조직과 기능 및 군사제도를 효율적으로 일원화시킨 상태'로 정의하였다.

군사통합의 유형은 통합 방식과 합의 여부에 의해서 분류하되 급변사태 시 실질적으로 적용 가능한 절충형 흡수통합과 절충형 대등통합의 개념을 보완하여 강제적 흡수통합, 합의적 흡수통합, 합의적 대등통합, 절충형 흡수통합, 절충형 대등통합 5가지 유형으로 세분화하였다. 종전의 연구들은 급변사태 시 통합유형을 강제적 흡수통합의 한 유형으로 분류하였으나, 실질적으로 적용 시 정확히 부합되지 않은 점을 고려하였으며, 급변사태 시 가장 적합한 군사통합 유형은 절충형 흡수통합의 유형으로 제시하였다. 따라서 군사통합 방안은 절충형 흡수통합 유형을 기준으로 그 세부 절차와 방안을 제시하였다. 절충형 흡수통합은 북한식 체제 전복을 원하면서 남한군에게 우호적인 세력은 합의에 의하여 흡수통합하고, 체제 고수를 고집하는 비우호적인 세력은 군사작전을 통하여 강제적 흡수통합하는 방식의 통합을 의미한다.

독일, 예멘, 베트남의 군사통합 사례분석을 통하여 군사통합은 일방이 타방을 흡수하여 단일 지휘체계를 형성하는 방식(독일, 베트남)이 합의에 의한 기계적 대등통합(예멘 1차 통합)보다 통일 후 정치적 안정을 달성하기 용이하다는 것을 알 수 있었고, 군사통합시 군대와 군 통제권은 협상의 무기가 되어서는 안 된다는 사실과 군사통합 과정에서 주변국과의 적극적인 군사외교 활동이 중요하다는 사실을 분석하였다. 남북한의 경우 체제 간 이질성의 정도나 경제적 발전 격차, 양국의 군사력 정도 등에 있어서 어느 국가의 군사통합 사례보다 심각하다고 볼 수 있다. 따라서 통일과정과 그 후에 나타날 예상되는 문제점과 후유증을 구체적으로 분석하고 이를 기초로 사전 치밀한 계획과 충분한 준비를 해나가야 할 것이다.

주변국의 영향요인을 분석해본 결과 한반도 통일은 한국의 국가이익과 주변 4강의 국가이익을 공유시키는 매우 긴요한 과제이다. 한반도에서의 남북한 통일에 대하여 전략적 이해관계를 가지고 있는 주변 4국이 한반도 통일국가 등장이 각국의 이익에 긍정적으로 기여하고, 동북아 지역의 평화 증진과 공동번영에 절대적으로 기여한다고 볼 때, 비로소 통일에 대해 적극적으로 지지하고 협력의 장으로 나올 것이다. 미국과 일본, 러시아는 이러한 국가이익에 긍정적 효과와 기여도를 충분히 인식시키고 설득해 나간다면 우호적 입장에서 지지할 수도 있으나, 중국은 북한정권과 오랜 기간 동안 혈맹 관계로 유지해왔고 미국과의 대치 상황 등을 고려해 볼 때 비우호적 입장을 견지할 가능성이 높으므로 중국의 설득과 지지를 획득하기 위한 단계적인 전략적 노력과 접근이 요구된다.

급변사태 시보다 실질적으로 적용 가능한 절충형 흡수통합 방식으로 통일과 군사통합을 추진해 나갈 때 예상되는 문제점은 통일과정에서 급변사태가 긴박하게 발생함에 따라 사전 준비 부족에서 오는 문제점으로는 다음과 같다. 구체화된 계획이 없어 겪는 시행착오와 전문성 결여, 정치권에 종속되어 휘둘리는 군 내부 혼란, 군사작전 간 비인간적인 인권유린 행위, 수복지역 통제 미흡에 의한 혼란 증폭, 대량살상무기에 의한 대량피해, 무기 및 탄약 통제 미흡에 따른 문제, 기타 문화재 및 환경오염과 훼손 등이 있을 수 있다.

통일 후에 예상되는 후유증은 통일과정에서 피해 입은 북한군과 그 가족들의 반감과 북한 지역 근무 기피 현상, 북한군 대량 전역으로 인한 실업률 증가, 잔류한 북한군과의 갈등, 인수한 잉여 물자/장비, 시설처리 지연에 대한 환경오염 등 문제, 동화교육간 비인간적 인권유린 등이다.

이러한 후유증의 최소화를 위한 군사통합 방안을 쟁점사안 별로 정리하여 제시하였는데, 우선적으로 평화적 흡수통합을 위한 노력이 선행되어야 한다. 이것이 달성되지 못할 때 불가피하게 군사작전의 방안을 선택할 수밖에 없는 것이다. 군사작전은 UN과 주변국들의 충분한 동의와 협조하에 이루어져야 하며 우호세력과는 합의에 의한 평화적 절차로 흡수통합을, 저항하는 비우호세력은 평화적 통합을 위한 노력과 아울러 후유증 최소화를 위한 평화강제작전을 시행해야 한다. 이러한 평화강제작전 간에는 앞에서 제시한 비인간적인 인권유린 행위 등의 최소화를 위한 준비와 시행에 관심을 가져야 한다. 효과적인 평화강제작전 지원과 수복지역에 대한 조기 안정화를 위하여 민군작전과 계엄을 효과적으로 시행해야 하며, 이때는 조기 사회질서 회복과 주민생활 불편해소, 이질감과 반감해소를 통한 조기 동화, 일체감 형성 등에 주안을 두고 작전을 시행한다.

통일과정에서 가장 크게 우려되는 대량살상무기에 의한 피해와 후유증 최소화를 위해서는 대량살상무기 통제 세력과 평화적 대화와 협상을 통하여 정상적으로 작동할 수 있도록 통제하는 노력과 아울러 협상 불가에 따른 강압적 확보와 통제를 위한 군사작전도 준비해야 한다. 이를 위해서는 대량살상무기 확보와 제거를 위한 특수임무부대를 사전 편성하여 충분히 교육하고 숙달 훈련시켜 준비해야 할 것이며, 세부 작전절차도 모델화하여 발전시키고 준비해야 한다.

평화강제작전 간 무장해제는 군사통합을 위하여 시행해야 할 불가피한 조치이다. 무장해제를 시행한 이라크, 아프가니스탄, 독일 등의 사례를 참고로 저항 및 불응세력과 순응 및 우호세력으로 구분하여 그 절차를 정립하였으며 저항 및 불응세력의 무력화 및 확보 단계 시 후유증 최소화를 위한 조치가 보다 구체적으로 강구되어야 할 것이다.

통일 후 군사통합은 통일 한국군의 역할을 기반으로 한 국방정책과 군사전략을 제시하였는데, 국방정책 목표는 자유민주주의와 시장경제체제를 유지하고 국민의 자유와 권리를 보장하며, 통일 한국의 국익 위협에 전방위적으로 대비하면서 국가의 번영과 발전에 기여하는데 두고 군사전략은 자위적 공세 전략으로 거부적 억제력 보유와 공세적 방어 전략이라 할 수 있다.

적정 군사력 규모와 배치는 50~70만 정도의 규모로 국경선 외곽지역의 외부 침입을 방지하며 필요시 전력을 집중 운용할 수 있도록 지리적 공간을 고려하여 배치해야 한다.

병력 통합은 병력 규모와 부대 편성을 고려하여 신편 소요에 따른 북한군의 소요 병력을 산출하고 현 북한군 중에서 전역 대상자와 인수 대상자를 선별하는데 대좌 이상 장교, 50세 이상 간부, 정치·보위부대 등 핵심 근무자는 전역 조치하고, 그 외 북한군 중 동화 가능한 건전하고 우호적인 병력에 대하여 엄격 심사 후 재복무 기회를 부여

해야 한다. 전역자는 연금, 퇴직금 등을 조치하고 취업을 알선한다. 재복무하는 북한군은 한국군 인사법과 별도 규정을 마련하여 계급을 조정하고 2년 관찰 후 재복무 및 장기복무자를 재선발한다.

무기체계 통합은 남한군의 무기체계 위주로 통합되어야 한다. 북한의 무기체계는 노후화되어 있는 무기들이 대부분이어서 이들을 교체하는데 많은 예산과 시간이 소요되고 경제난 등으로 무기 현대화가 이루어지지 않을 가능성이 크기 때문이다. 따라서 북한군의 무기와 장비는 남한 위주의 전력을 보완하거나 개선할 만한 가치가 있는 것들을 우선적으로 선별 통합하여 활용하는 것을 원칙으로 하여 남한군이 미보유한 무기체계나 기술 성능이 우위에 있는 것들을 통합한다.

무기·탄약 및 장비 통합은 통일 한국군의 주요 무기체계 및 장비를 어떤 규모로 유지할 것인가가 결정해야 하고 종류별로 남북한이 보유하고 있는 수량, 무기가 획득된 시기 및 해당 무기의 수명, 한국군 무기 등과 성능 비교, 탄약 가용성, 정비 가능성, 부품 획득 가능성을 포함한 비용대비 효과 등을 고려하여 활용장비와 불용장비로 구분한다. 불용장비는 해외 판매·증여, 관·민수용 전환, 매각, 용도변경, 기타 전시용품으로 활용하거나 폐기 등의 처리 과정을 거치게 된다. 탄약은 무기 종류의 활용에 따라 가용 탄약을 선별하여 통합 처리한다.

시설 통합은 초기에는 남북한 군이 사용하고 있는 모든 시설을 군 시설로 전환하는 것을 원칙으로 추진한다. 통일 한국군의 작전성, 현 한국군 시설 보완성, 경제성, 환경영향, 시설 상태 면에서 종합적으로 분류하여 군 사용시설과 민간 전환 시설을 구분하여 처리해야 한다.

북한에 대한 연구는 자료 수집이 쉽지 않고 북한과 직접 접촉할 수 없기 때문에 한계가 있음을 절감한다. 다행인 것은 최근에 북한군 장교 출신들을 포함한 탈북자 수가 늘어나고 관련 자료들도 비교적 많이 개방되어 있어 예전보다는 나아졌다. 군사통합 분야에 대한 연구는 남북한 통일방안에 대한 논의와 연구가 활발해지면 더 활기를 띨 것으로 생각되며, 각 분야별로 구체화된 연구가 지속되어야 할 것이다.

향후에 더 세부적이고 집중적으로 연구되어야 할 분야는 급변사태 시 협상전략, 평화강제작전과 대량살상무기 통제를 위한 세부 군사작전 시행방안, 전역 북한군에 대한 직업알선과 사회적응 대책, 동화교육 방안, DMZ를 중심으로 설치되어 있는 각종 장애물 처리 대책 등이다. 앞으로 남북통일에 대한 논의와 연구에 국민적 관심과 지지가 한층 높아지길 기대하고 아울러서 이번 연구가 북한의 급변사태 시 남북한 군사통합을 위한 구체적인 방안 연구에 보다 실질적으로 기여할 수 있을 것이다.

1. 평화강제작전 수행 절차

2. 대량 살상무기 제거작전 절차

3. 적정 군사력 소요 판단

4. 통일 한국군의 배치구상

5. 병력 통합 및 처리 개념도

6. 무기, 탄약 및 장비 통합 소요 판단/처리 절차

7. 시설통합 소요 판단 및 처리 절차

※ 부록에 제시한 내용들은 절충형 흡수통합의 세부시행 방안으로 그동안의 군 생활 경험을 바탕으로 이 분야에 관심 있는 군 전문가들과 토의의 과정을 거쳤으며, 연구과정에서 관련 자료들을 분석하고 깊이 있게 검토한 결과 정립한 방안으로 제시하였다.

부록 I. 평화강제작전 수행 절차

평화강제작전은 평화작전의 한 유형으로 UN 등 국제사회와 협력하여 분쟁 당사자들에게 국제사회의 분쟁 해결 중재안이나 결정을 수용하도록 강요하기 위해 위협하거나 무력을 사용하여 수행하는 군사 합동작전을 말하는데 평화강제작전의 수행절차는 1단계(병력 및 인구 밀집 지역 위주작전)와 2단계(작전 지역 확대)로 시행할 수 있다.

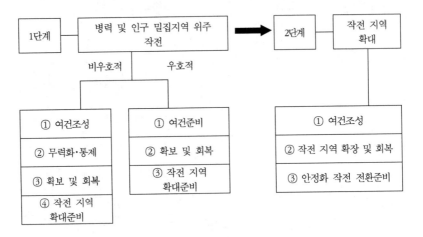

1단계 병력 또는 인구가 밀집되어 있는 비우호적 환경에서의 작전 수행은 ① 여건조성을 위해 산악지역에서는 정보수단을 운용하여 적 위협을 분석하고 심리전 방송, 전단 살포, 우호세력 등을 운용하여 투항을 권고하거나 안전지대로 유도하는 등의 작전을 수행해야 하며, 대항 세력 규모를 고려하여 적정규모의 봉쇄선 및 검문소나 교통통제소를 운용할 필요가 있다. 필요시 항공정찰 및 포병화력유도로 저항세력을 무력화하기도 한다.

도시지역에서도 산악지역과 마찬가지로 가용한 정보자산을 운용하여 적 유형을 먼저 분석하고 비 우호세력의 도주 또는 유입을 차단하기 위한 검문소, 교통통제소, 편의대 등을 운용한다. 특히 작전 지역 내 우호세력과 접촉 및 규합하여 시가지 작전 시 협조된 작전을 수행한다. 체육관이나 학교시설 등을 이동하여 안전지대를 설치하고 우호세력을 수용, 보호조치 후 비 우호세력은 타격 및 무력화 작전의 여건 조성을 실시한다.

②무력화 작전수행은 산악지역에서 실시되며 최초의 봉쇄선을 유지한 가운데 핵심세력이 도주하거나 유입되지 않도록 차단하고 적극적인 심리전을 수행하여 저항세력의 투항을 권고하며 모든 요소가 협조된 무력화 작전을 수행한다. 도시지역에서의 무력화 작전은 핵심지역에 대한 고립 조치 후 저항이 경미한 지역부터 무력화하고, 구역별로 또는 제대별로 적을 찾아 무장해제하는 작전을 계속적으로 실시하며 핵심지역에 대한 무력화 작전을 수행하되 항공정찰이나 타격작전을 병행할 수도 있다.

③확보 및 회복단계에서는 유민 및 주민통제를 위해 수용시설을 설치하여 운용하고 유민에 대해서는 최대한 인도주의적 지원과 유민 성분분류 및 응급구호를 지원하며, 수용 간 문제점이 발생하지 않도록 조치한다. 주민통제를 위해서는 군 작전상 주민통제소를 설치 운용하고, 계엄령을 발령하여 통행금지 대상지역과 시간을 통제하며 현지 우호 또는 규합세력을 적극 활용한다. 인도주의적 차원을 위해 우호세력 중심의 임시치안 체제와 행정조직이 주도적인 역할을 할 수 있도록 하고, 적극적인 선무활동으로 대남인식 변화와 인도주의적 지원으로 최소한의 생활수준이 유지될 수 있도록 지원해야 한다. 대규

모 난민 발생 방지를 위한 전재민 구호 등 군사작전에 제한을 주는 요소가 발생하지 않도록 우선적으로 해결해 나가야 한다. 작전부대 능력 범위 내에서 보건, 식량, 주거지원에 중점을 둔다.

④작전 지역 확대준비 단계에서는 행정구역 단위로 통제부대를 편성하여 확보지역에 대한 통제력을 강화하며, 우호세력을 선별하여 행정구역 단위로 임시치안과 행정운영이 되도록 조치한다. 작전 지역 확대를 위한 인도주의적 지원시설을 추가 확보하고 정부기구와 비정부기구 활동보장을 위한 경계대책을 강구한다. 작전 지역 확대를 위한 환경평가를 위해 정보자산 임무를 조정하고 피해부대의 전투력복원, 추가 전투력 요청에 대한 실질적 조치와 함께 차후작전을 준비한다.

병력과 인구가 밀집된 지역이면서 우호적 환경에 있는 지역에 대한 작전 수행절차도 앞에서 언급한 비우호적 환경의 작전 수행절차와 비슷한 부분이 많다. 간단한 차이점만을 기술하여 보면 여건 조성을 위해 산악지역, 도시지역 모두 항공정찰 및 공중자산 등 가용수단을 최대한 활용하여 위력을 과시할 수 있도록 계획한다.

확보 및 회복단계에서는 먼저 주민과의 접촉을 차단하고 우호세력과 협조된 작전을 통해 저항세력의 자발적인 투항을 유도하며 적정규모의 기동예비대를 운용하여 잔여세력을 색출하는 작전에 주안을 둔다. 작전 지역이 점차 확대되어가는 단계에서의 ①여건조성은 정보자산을 운용하여 작전환경 평가를 실시 후 심리전을 적절히 수행하여 행정구역 단위로 안전지대를 지정하여 공표하고 작전소요 증대에 따라 추가 전투력을 상급부대에 요청하여 운용토록 한다. ②작전 지역 확장 및 확보는 제대별 공격방향 및 책임지역을 부여하고 주요 기동로를 따라 병력 또는 인구밀집지역 위주로 확보하되 행정구역 단위로 순차적으로 확보할 수 있도록 행정구역 단위로 통제부대를 배치해야 한다. ③안정화 작전으로의 전환 준비를 위해서 제대별 책임지역 내 무장해제 및 동원을 해제하고 행정구역 단위로 안전지대를 확보 및 유지하며 유민통제 및 인도주의적 지원, 질서회복 및 유지활동을 지속적으로 실시한다.

또한 작전 지속능력을 확보하기 위해 LSA(Logistic Support Area : 군수지원지역)를 설치하거나, 추가전투력을 요청 또는 확보해야 한다. 잔존세력에 대해서는 은거지를 고립시켜 분리토록 작전을 수행하되 항공정찰 등 수색활동을 과시하거나 심리적으로 고립 또는 압박 조치를 한다.

부록 2. 대량 살상무기(WMD) 제거작전 절차

평화강제작전 시 대량살상무기 통제 및 제거는 북한체제유지 세력의 최후저항수단 통제와 대량피해 및 손실을 고려해 볼 때 매우 중요한 문제이며, 평화적 협상으로 통제가 불가능할 경우에는 다음과 같은 제거절차에 의해서 진행해야 한다.

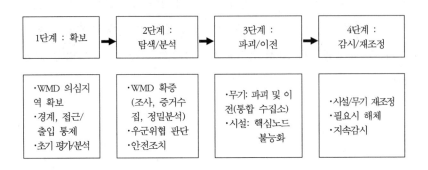

대량살상무기 제거를 위한 작전절차를 단계화해보면 4단계로 구분할 수 있다. 먼저 1단계는 WMD로 명확하게 확인된 지역이나 의심지역에 대해 그 지역을 안전하게 점령, 확보해야 한다. 이를 위해서는 지상, 공중, 해상으로 침투하여 그 지역에 있는 저항세력을 무력화시키고 저항세력의 반격에 대항하여 그 지역을 지켜낼 수 있을 정도의 규모 부대를 투입해야 한다. 그 지역을 확보한 후에는 일정 지역에 경계병과 경계시설을 배치 및 설치하고 불필요한 인원의 접근과 출입을 통제해야 한다. 그리고 그 지역에 대한 초기 평가를 실시하여 WMD 무기와 시설을 판단해야 한다.

2단계는 확보한 지역에 대한 탐색/분석이다. 초기평가를 통하여 그 지역이 WMD 무기와 시설이 있는 지역이면 보다 세밀한 조사와 분석

작업이 필요하다. 전문요원에 의하여 조사와 증거 수집, 정밀분석, 우군과 주민의 위협 여부를 판단한 후에는 이에 합당한 안전 조치를 취해야 한다.

3단계는 WMD의 파괴 및 이전 단계이다. WMD 무기의 위협 정도를 판단하여 이전이 어려울 때는 현장에서 파괴 조치하고, 이전이 가능할 때는 WMD 통합수집소로 이전 조치를 한다. 시설은 핵심노드의 불능화 조치를 취하여 시설해체 및 차후 평화적 이용 시설로 전환조치 할 수 있도록 준비한다.

4단계는 감시 및 재조정 단계로서 WMD 시설과 무기를 용도와 목적에 맞도록 재조정하고 필요시 해체한다. 또한 WMD 무기와 시설에 대한 것은 최종 완료 조치될 때까지 철저히 감시하고 확인해야 한다.

부록 3. 적정 군사력 소요 판단

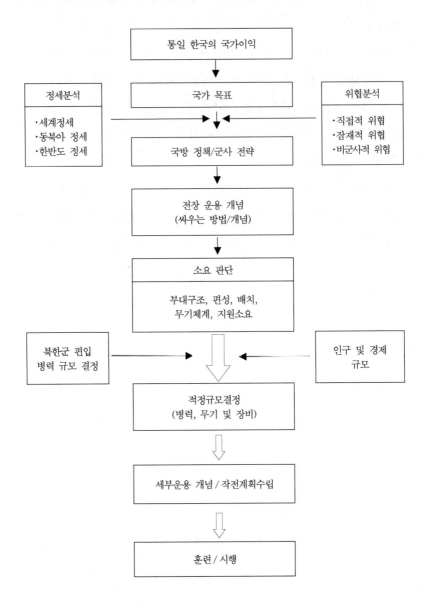

통일 한국의 국가이익

정세분석
· 세계정세
· 동북아 정세
· 한반도 정세

국가 목표

위협분석
· 직접적 위협
· 잠재적 위협
· 비군사적 위협

국방 정책/군사 전략

전장 운용 개념
(싸우는 방법/개념)

소요 판단

부대구조, 편성, 배치,
무기체계, 지원소요

북한군 편입
병력 규모 결정

인구 및 경제
규모

적정규모결정
(병력, 무기 및 장비)

세부운용 개념 / 작전계획수립

훈련 / 시행

통일 이후 통일 한국군의 적정규모와 배치는 국토의 크기와 인구수, 국경선의 지리적 특성, 경제력 규모, 군사력 운용 환경, 국민의 정서와 주변국의 군사력 규모, 동맹 및 외교관계, 국가목표와 국방정책 및 군사전략 등 내/외부의 영향요인 등을 고려해야 하며, 상당히 논리적이고 체계적이며 종합적인 분석절차를 거쳐 이루어져야 한다.

적정 군사력규모를 판단하기 위해서는 먼저, 통일 한국의 국가이익을 구현할 수 있는 국가 목표를 설정하고, 세계·동북아 및 한반도 등의 정세 분석과 직접·잠재적·비군사적 위협을 포함한 위협분석을 기초로 국방정책과 군사전략을 수립한다. 그리고 이러한 군사전략을 구체적으로 수행하기 위한 전장운용개념 즉, 싸우는 방법과 개념을 정립한 후 이를 구현하기 위한 부대구조, 편성 및 배치, 무기체계, 지원소요 등을 판단할 수 있다. 이러한 소요를 기초로 북한군의 편입병력규모와 인구 및 경제규모 등을 고려한 후 적정 규모의 병력과 무기 및 장비를 결정할 수 있다. 이러한 과정을 거쳐 적정규모의 군사력을 판단할 수 있으며, 규모가 결정되면 세부운용 개념과 작전개념을 수립하여 군을 운용하게 된다.

부록 4. 통일 한국군의 배치구상

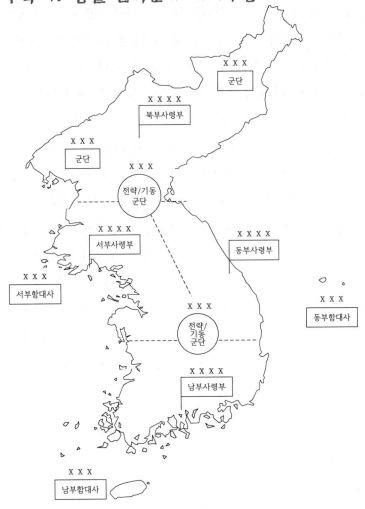

총병력	육군							해군	공군
	소계	사령부 지원부대	동부사	서부사	남부사	북부사	전략/기동 군단	15만 (해병대 포함)	10만
55만	30만	9만	3만	3만	3만	6만	6만	15만 (해병대 포함)	10만

통일 이후 주변 상황과 여건을 고려하여 통일 한국군의 배치와 이를 고려한 적정규모를 판단해 보면 국방부 예하의 합동군사본부를 두고 육·해·공군 본부와 4개 본부 지역사령부(북부, 서부, 남부, 동부)를 편성할 수 있다. 육군의 배치는 중국과 러시아의 국경지역에 보다 강화된 경계와 대비를 고려하여 북부 사령부에 6만의 병력과 전략기동군단 3만여 병력규모를 배치하여 대비하고, 서부, 동부, 남부 지역은 해안선 경계 및 내륙지역 안정을 위하여 각각 3만여 명 정도의 규모를 배치하며, 중앙 지역에 전략/기동군단 3만 명을 배치하여 운용하는 것으로 고려하였다. 해군은 삼면이 바다인 점을 고려하여 확장된 경계작전 지역과 해양으로부터의 제반 위협에 대비하기 위하여 15만여 명 규모의 전투력을 판단하였고, 공군도 확장된 작전 지역과 주변 관심 작전 지역의 확장성을 고려하여 10만 명 정도의 규모를 판단할 수 있다. 이렇게 판단했을 때 통일 한국군의 총 병력 규모는 대략 55만 정도로 소요된다고 볼 수 있다.

이것은 한반도의 지리적 특성을 고려한 개략적인 구상이므로 군사전략과 작전운용개념을 구현하기 위한 세부적인 판단과 검토과정에서는 각 부대별 규모와 소요 병력이 달라질 수 있다.

부록 5. 병력 통합 및 처리 개념도

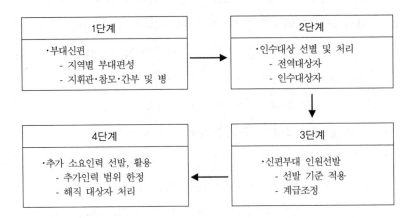

병력 통합 및 처리는 총 4단계로 구분해 볼 수 있는데, 1단계는 소요되는 부대를 새로이 편성한다. 부대 신편의 기본개념은 북한지역을 북부, 동부 및 서부지역으로 구분하고 지역별로 소요되는 책임부대를 편성하며, 여기에 필요한 지휘관과 참모, 주요 간부 및 병력을 편성해야 한다.

2단계는 인수대상 병력의 선별 및 처리 단계이다. 먼저 전역대상을 구분하여야 하는데 강제전역 대상은 대좌 이상 장교, 50세 이상 간부, 정치·보안부대 등 핵심부대 근무자들이 될 것이며, 자진 전역 대상은 중좌급 이하 간부 중 49세 이하라도 희망자가 될 것이다. 이들 자진 전역자들에 대한 보상은 20년 이상 복무자는 최소연금 혜택을 제공하고 20년 미만자는 퇴직금과 봉급(6개월~1년분)을 지급하며 희망 시 재입대 우선권을 부여하고 취업을 알선한다. 인수대상자 중 재활용 간부는 능력과 소요를 고려하여 별도의 선발위원회 심사를 거치고, 병은 대기병 신분을 부여하고 특기별 보충소요에 따라 재분류한다. 인수부대 병력은 기존조직, 또는 현직 위에 활용하다가 필요시 보직을 조정하며 병은 인수 즉시 한국군으로 인정하고 점차 적정규모로 조정해 나간다.

3단계 신편부대 인원 선발은 부대 편성 소요 인력을 고려 인수 대상자 및 자진 전역자 중에서 본인 희망 시 한국군 재복무 기회를 부여하며, 장기 복무 희망자는 전문성 등 소요인력을 고려하여 중견간부도 일부 포함하여 2년간 유보기간을 두고 관찰 후 재선발하여 활용한다. 계급은 한국군 인사법과 별도 규정에 의해 조정한다. 인원선발에 대한 세부기준은 사상 건전성, 계급과 정책의 활용 가능성, 특별한 지식이나 능력, 자질 또는 자격증 보유 여부, 활용을 위해 추가적으로 요구되는 보수교육 정도 등을 고려하여 선발한다.

4단계는 추가 소요 인력을 선발하여 활용하는 것으로 기본 편성 후 부족 병력이나 임무수행 상 추가소요 인력에 대하여 선발 규모와 범위를 한정하여 추가 선발한다. 이때 선발 기준은 2, 3단계에서 적용한 기준을 준용한다. 최초 부대 편성과정에서 선발한 인원 중에서 부적격자나 본인의 자진 전역 희망자는 2단계 전역대상자와 같은 기준을 준용하여 사회 환원 조치한다.

부록 6. 무기, 탄약 및 장비 통합 소요 판단 / 처리 절차

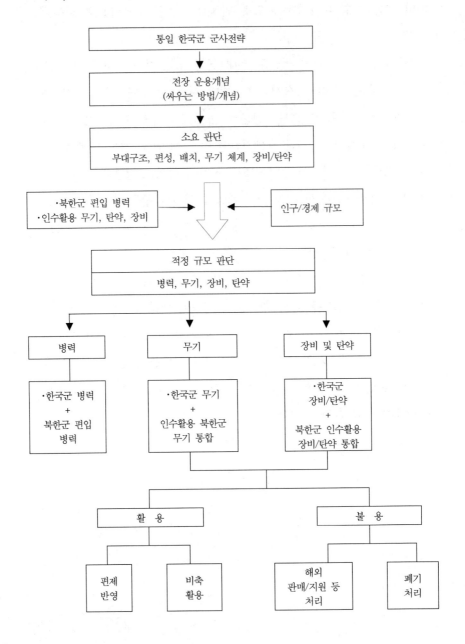

무기, 탄약 및 장비를 효과적으로 통합하기 위해서는 먼저 통일 한국군의 소요될 무기, 탄약 및 장비의 적정 규모와 양을 정확히 판단해야 한다.

먼저 통일 한국군의 군사전략개념을 수립하고 군사전략개념을 구현하기 위한 전장운용개념(싸우는 방법/개념)을 구체화한다. 다음에는 이러한 전장운용개념에 맞는 부대 구조와 편성, 배치, 무기 체계 및 장비/탄약 소요를 판단할 수 있다. 이렇게 통일 한국군의 군사전략개념을 구현할 수 있는 소요가 도출되면 당시 인구와 경제규모, 북한군으로부터 편입되는 병력 규모와 인수하여 활용할 수 있는 무기, 탄약 및 장비 규모를 판단하여 통일 한국군이 보유해야 할 적정 규모의 무기, 탄약 및 장비의 양과 규모를 결정할 수 있다.

이러한 판단 결과를 기초로 한국군의 무기, 탄약 및 장비를 기준으로 설정, 북한군으로부터 인수하여 통일 한국군의 통합된 무기와 장비를 갖추게 된다.

남북한 군의 모든 무기, 탄약 및 장비는 전체를 활용과 불용으로 구분하고 활용할 무기와 장비는 편제에 반영하거나 비축용으로 활용한다. 불용 무기 및 장비는 해외 판매 및 지원, 기타 목적으로 처리하고 나머지는 완전히 폐기 처리한다.

부록 7. 시설통합 소요 판단 및 처리 절차

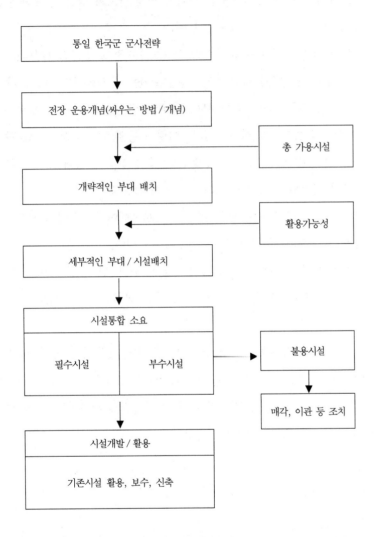

남북한 군 180만여 명이 사용하던 군사시설을 50 ~ 70만여 명의 통일 한국군의 규모에 맞도록 통합하는 과정과 절차도 매우 광범위하고 복잡할 것이므로 논리적이고 체계적인 판단 절차가 필요하다.

통일 한국군이 사용해야 할 군사시설의 소요를 판단하기 위해서는 통일 한국군의 군사 전략으로부터 이를 구현하기 위한 전장운용개념을 정확히 이해하고, 먼저 이러한 개념을 구현할 수 있는 개략적인 부대배치를 구상해야 한다. 구상시에는 남북한 총 가용시설을 참고하여 활용 가능성을 기초로 판단해야 하며, 현 군사시설을 작전적/경제적인 측면에서 효과적으로 활용할 수 있는 지역을 고려하여 세부적인 부대와 군사시설을 배치해야 한다. 통일 한국군의 군사전략과 전장운용개념을 구현할 수 있는 세부 부대 배치와 시설배치가 판단되면, 이를 기초로 부대와 시설의 배치에 긴요한 필수시설 소요와 이를 보장하기 위한 부수시설 소요로 구분하여 판단될 것이다. 이러한 군사시설 통합소요가 나오면 사용되지 않는 시설들은 불용시설로 판단하여 매각하거나 민간에 이관하면 될 것이다. 군사시설 통합소요가 판단되면 현 군사시설을 개발·활용하게 되는데 기존시설을 그대로 활용하는 방안과 보수 또는 신축하여 사용하는 방안들로 발전시켜 활용하게 된다.

1. 북한 문헌

가. 단행본

조선로동당중앙위원회 편(1974~1987), 『김일성 저작집』 제6권, 제14권, 제27권,
　　제28권, 제35권, 제44권, 평양: 조선로동당출판사.
철학연구소(2000), 『사회주의 강성대국 건설사상』, 평양: 사회과학출판사.

나. 논문 및 기타 자료

김일성(1984), "미국 「워싱턴포스트」지 기자와 한 담화.", 『김일성 저작집』 제
　　27권, 평양: 조선로동당출판사.
＿＿＿(1984), "민족의 분렬을 방지하고 조국을 통일하자.", 『김일성 저작집』
　　제28권, 평양: 조선로동당출판사.
＿＿＿(1974), "조국통일 5대 방침에 대하여.", 『김일성 저작집』 제6권, 평양:
　　조선로동당출판사.
＿＿＿(1987), "조선로동당 제6차 대회에서 한 중앙위원회 사업총화보고.", 『김
　　일성 저작집』 제35권, 평양: 조선로동당출판사.
＿＿＿(1996), "조선민족은 누구나 조국통일에 모든 것을 복종시켜야 한다.",
　　『김일성 저작집』 제44권, 평양: 조선로동당출판사.
＿＿＿(1981), "조선인민의 민족적 명절 8·15해방 15돌 경축기념대회에서 한
　　보고.", 『김일성 저작집』 제14권, 평양: 조선로동당출판사.
김정일(2007), "위대한 수령님의 혁명적 신념과 의지, 배짱으로 새로운 승리의
　　길을 열어나가자." 『김정일 선집』 제15권, 평양: 조선로동당출판사.
안경호(2000. 10. 6), "고려민주연방공화국 창립방안 제시 20주년 기념 평양시
　　보고회.", 조선중앙통신.

2. 국내 문헌

가. 단행본

강광식(2008), 『통일 한국의 체제구상』, 서울: 백산서당.

강성윤 외(2001), 『북한정치의 이해』, 서울: 을유문화사.

고상두(2007), 『통일 독일의 정치적 쟁점』, 서울: 도서출판 오름.

국제안보연구소(1994), 『신한국시대의 통일 안보』.

권대봉·현영섭(2004), 『인문사회과학연구방법』, 서울: 학지사.

권양주·박영택·함형필·김환청(2008), 『남북한 군사통합시 대량살상무기 처리 방안연구』, 서울: 한국국방연구원.

권태영 외(1991), 『독일통일 교훈과 통일 한국의 국방 분야 대비책』, 서울: 한국국방연구원.

경남대학교 북한대학원 엮음(2003), 『북한연구 방법론』, 서울: 도서출판 한울.

김국신(1993), 『예멘 통합사례 연구』, 서울: 민족통일연구원.

김경동·이온죽(1998), 『사회조사 연구방법』, 서울: 박영사.

김계동(2006), 『남북한 체제통합론』, 서울: 명인문화사.

김계동 외(2005), 『한반도의 평화와 통일』, 서울: 백산서당.

김도태(1993), 『베트남 통합 사례연구』, 서울: 민족통일연구원.

김송근(1999), 『한반도 통일시 남북한 군사통합방향에 관한 연구』, 서울: 국방참모대.

김용옥(2001), 『한민족통일과 분단국 통합론』, 서울: 도서출판 전예원.

김태호(2003), 『중국 신지도부의 성향 분석과 대중 군사외교 방향』, 서울: 한국국방연구원.

김창수 외(2007), 『미·북 관계 변화가 한·미 군사관계에 미치는 영향』, 서울: 한국국방연구원.

노훈 외(2010), 『국방정책 2030』, 서울: 한국국방연구원.

문정인 외(2002), 『남북한 정치 갈등과 통일』, 서울: 도서출판 오름.

문태성(2006), 『한국 통일과 주변 4국의 겉과 속 : 미·중·일·러의 이중적 태도 분석』, 서울: 건국대학교 출판부.

민병천 편(1990), 『전환기의 통일문제』, 서울: 대왕사.

박영규(2001), 『통일 한국의 안보정책 방향』, 서울: 민족통일연구원.

박영호(1995), 『북한 급변사태 시 남북한 군사통합 방안』, 서울: 민족통일연구원.

박종철 외(2005), 『2005년도 통일문제 국민 여론조사』, 서울: 통일연구원.

박창권(2004), 『21세기 미국의 아태 전략과 동아시아 안보』, 서울: 한국국방연구원.

배정호·최춘흠·유영철(2008), 『전환기 동북아 국가들의 국내정치 변화와 대북전략』, 서울: 통일연구원.

백종천(2006), 『한반도 평화 안보론』, 서울: 세종연구소.

북한연구학회(2006), 『북한의 통일외교』, 서울: 경인문화사.

서상목(2004), 『김정일 이후의 한반도』, 서울: 북코리아.

손기웅(1998), 『통일 독일의 군 통합사례 연구』, 서울: 민족통일연구원.

심지연(2001), 『남북한 통일방안의 전개와 수렴』, 서울: 돌베개.

경희대학교 아태지역연구원 편(2001), 『남북한 통합의 이론과 실제』, 서울: 책이 된 나무.

아태평화재단(1995), 『김대중의 3단계 통일론(남북 연합을 중심으로)』, 서울: 아태평화출판사.

안성호(1998), 『남북한 체제 통합 연구』, 국가정보대학원.

오주현 외(1995), 『남북한 군사통합방안』, 서울: 국방대학원.

외교안보연구원(2002), 『중장기 국제정세 전망』.

_____(2008), 『중기 국제정세 전망 2008-2013』.

유영철(2005), 『2005 러시아의 군사정책과 북러 관계』, 서울: 한국국방연구원.

유지호(1997), 『예멘의 남북통일』, 서울: 서문당.

윤민재(2003), 『세계화 시대 남북한 통합의 방향과 과제』, 서울: 집문당.

이민룡(2001), 『한반도 안보전략론』, 서울: 봉명.

이상철·지대남(1995), 『남북한 군 통합의 법적 문제』, 서울: 대청마루.

이수혁(2008), 『전환적 사건』, 서울: 중앙북스.

_____(2006), 『통일 독일과의 대화』, 서울: 랜덤하우스 중앙.

이온죽 외(1997), 『남북한 사회통합론』, 서울: 삶과 꿈.

이용필 외(1995), 『남북한 기능통합론』, 서울: 신유.

이종성(1998), 『분단시대의 통일학』, 서울: 한울 아카데미.

이창욱(1998), 『남북한 군사통합과 통일 국군의 역할』, 경기 성남: 세종연구소.

이창형 외(2008), 『중국이냐 미국이냐 : 중국의 부상과 한국의 안전보장』, 서울: 한국국방연구원.

이희옥(2007), 『중국의 국가 대전략 연구』, 서울: 폴리테이아.

임채완 외(2006), 『분단과 통합』, 서울: 한울.

장성민(2009), 『전쟁과 평화 : 김정일 이후, 북한은 어디로 가는가』, 서울: 김영사.

장홍기·이량·이만종(1994), 『남북한 군사통합 방안 연구』, 서울: 한국국방연구원.

정용길(1998), 『분단국 통일론』, 서울: 고려원.

조민(2005), 『한반도 평화체계 구축과 통일 전망』, 서울: 통일연구원.

제정관(2008), 『한반도 통일과 군사통합』, 서울: 한누리미디어.

조찬래 외(1998), 『남북한 통합론』, 서울: 대왕사.

차영구 외(2002), 『국방정책의 이론과 실체』, 서울: 도서출판 오름.

체제통합연구회 편(2005), 『한반도의 평화와 통일』, 서울: 백산서당.

통일연구원(2001), 『분단국 통합과 평화 협정(제42차 학술회의 논문집)』, 서울: 통일연구원.

통일연구원(2013), 『오바마 2기행정부의 대한반도 정책전망』, 서울:통일 연구원.

_____(2011), 『한반도 통일과 동북아 4국의 입장 및 역할』, 서울 통일연구원.

하정열(1996), 『한반도 통일 후 군사통합 방안』, 서울: 팔복원.

한국국방연구원(2005), 『2025년 미래 대 예측』, 서울: 한국국방연구원.

한국국방연구원(2008), 『북한의 핵개발과 북한군 : 대내 역할변화와 핵무기 사용 가능성(제1회 북한군사 포럼 종합논문집)』.

한국전략문제연구소(2008), 『2008 동북아 전략균형』.

한국전략문제연구소(2012), 『북한급변사태 발생에 대비한 우리군의 전략적 접근방책』

홍성민(2006), 『행운의 아라비아 예멘』, 서울: 북갤러리.

황병무(2004), 『한국 안보의 영역 쟁점 정책』, 서울: 봉명.

나. 논문

고상두(2008), 「미국의 군사변환과 주독미군의 철수」, 『국가전략』 제14권 3호.

구영록(1974), 「통합이론에 관한 연구」, 『국제정치논총』 제13·14집.

권양주(2006), 「북한군 지휘체계의 특징과 취약점」, 『주간국방논단』 제1, 100호.

_____(2008), 「남북한 합의통일시 군사통합 적정시기 및 절차에 관한 연구」, 『국방정책연구』 제24권 제2호.

_____(2009), 「남북한 군사통합 추진 방향」, 『군사논단』 통권 제58호.

_____(2009), 「바람직한 남북한 군사통합 유형」, 『군사논단』 통권 제58호.

_____(2009), 「남북한 군사통합의 유형과 접근 전략 연구」, 동국대 박사학위 논문.

권태영·김수영(1992), 「독일통일의 교훈과 한반도 통일」, 『국방논집』 제20호.

김국신(2000), 「국가통합이론과 분단국 통합사례가 남북한 통일에 주는 시사점」, 『한국과 국제정치』 제16권.

_____(1995), 「예멘통일의 문제점과 전망」, 『베트남 및 예멘의 통합사례연구 논문집』, 서울: 통일원.

김기수(2000), 「남북한 군사통합 방안에 관한 연구 : 델파이(Delphi) 설문분석 결과를 중심으로」, 한양대학교 대학원 박사학위논문.

김동명(1996), 「독일통일과 군사통합」, 『한반도 군비통제』 제15집.

김부기(1994), 「러시아의 대북한 정책」, 『통일문제연구』

김성주(1996), 「주변국의 대한반도 정책현황과 전망」, 『통일문제연구』

김수남(1991), 「남북예멘의 통일과정과 교훈」, 『국방연구』 제34권.

김수영(1995), 「무기감축 및 폐기절차의 기술적 관점」, 『주간국방논단』 제598호.

김수진(1996), 「남북한 군사통합의 경제적 효과에 관한 연구」, 『국방대학원 정책보고서』

김연철(1995), 「남북한 역량격차로 현실적 노선으로 전환」, 『북한』 통권 제140호.

김용현(2001), 「북한의 군사국가화에 관한 연구」, 동국대학교 대학원 박사학위 논문.

김종선(1994), 「독일통일을 통해 본 한반도 통일에 관한 연구」, 동국대학교 대학원 석사학위 논문.

김진기(1994), 「일본의 국가전략 : 경제대국에서 정치대국으로」, 『통일문제연구』

김진성(2003), 「남북한 군사통합에 관한 연구」, 국방대학교 안보과정 논문.

김창주(2004), 「통일 한국의 병역제도 결정요인에 관한 연구」, 경원대학교 대학원 박사학위 논문.

김충영(1992), 「단순비교법에 의한 통일 후의 군사력 소요 및 전력배비」, 『국방논총』 제20호.

_____(1995), 「통일 후 한반도 군사력 판단」, 『국방연구』 제38권.

김 혁(1997), 「한반도 통일을 위한 대안적 이론체계의 모색 : 인식론과 방법론을 중심으로」, 『통일경제』 제27호.

노병만(2002), 「남북한의 통일방법 모델과 통일방안의 재검토」, 『한국동북아논총』 제25집.

노틸러스연구소(2003), 이남규 역, 「한반도 통일에 관한 4개의 시나리오」, 『월간조선』 2003년 1월호.

문대룡(1999), 「남북한 군사력 통합방안에 관한 연구」, 『중앙대 행정대학원 행정연구논집』 제9권.

민병석(1975), 「북한의 통일정책에 관한 연구」, 『북한』 제45호.

민주평화통일자문위원회(2008), 『2008년도 국민 통일의식조사 결과보고서』

박균열(2001), 「통일 한국의 군통합과 군대문화」, 서울대학교 대학원 박사학위논문.

박순성(2009), 「오바마 시대 북미관계」, 『문화과학』 통권 제57호.

박찬주(2011), 「남북한 군 통합 방안 연구」, 충남대학교 대학원 석사학위논문.

백종국(1994), 「한반도 통일의 당면과제에 관한 현실주의적 연구」, 『한국정치학회보』 제28집.

서대숙(1999), 「민족통합의 개념과 방향」, 『민족통합과 민족통일』, 강원 춘천: 한림대학교 출판부.

서유석(2008), 「북한 선군담론에 관한 연구」, 동국대학교 대학원 박사학위논문.

손기웅(1997), 「통일 한국의 군 통합방안」, 『통일연구논총』 제6권.

송화섭(2006), 「미일동맹의 변혁과 보통 동맹화」, 『국방정책연구』 제71호.

안병욱·정병준(1995), 「남북한의 통일정책과 통일의 과제」, 『역사와 현실』 제16권.

유명기(1996), 「독일 군사통합의 분석과 한반도 군사통합 방안」, 국방대학원 안보과정 논문.

유정열(1995), 「독일, 베트남, 예멘의 군사통합사례 연구 : 남북한 군사통합에 주는 교훈과 대응방향을 중심으로」, 서울: 국방대학원.

유지호(1996), 「예멘통일과 군사통합」, 『한국군사』 제2호.

이만종(1995), 「분단국의 통일과 군사통합에 관한 소고」, 『국방논집』 제30호.

이문규(1995), 「남북한 통합의 이론적 모색」, 『국방논집』 제30호.

이민룡(1997), 「남북한 군사전략과 통일 한국군」, 『한국군사』 제5호, 서울: 한국군사문제연구원.

이상철(1995), 「군통합의 법적 문제와 방안에 관한 연구」, 『육사논문집』 제48집.

이신재(2001), 「남북한 군사통합 방안」, 국방대학교 안보과정 논문.

이철기(1999), 「통일 한국의 적정 군사력평가와 통일 국가의 군사력수준」, 『통일문제 연구』 11권 2호.

이해영(1998), 「북한의 통일정책사」, 『월간말』 제25호.

이희선·김기수(2001), 「남북한 군사통합 방안에 관한 연구」, 『한국정책학회보』 제10권.

장문석(1997), 「남북한 군 구조와 통일 한국군」, 『한국군사』 제5호.

정성장(2008), 「포스트 김정일 시대 북한 권력체계의 변화 전망」, 『한반도, 전환기의 사색』, 2008년 북한연구학회·통일연구원·고려대 북한학 연구소 공동학술회의 자료집.

정용길(1995), 「남북한 통일 후 동질성 회복을 위한 방안 연구: 정치·경제·사회·군사 분야」, 『전략논총』 제6집.

정재호(1995), 「독일 군사통합의 시사점」, 『한반도 군비통제』 제18호.

_____(1996), 「독일 군사통합의 시사점」, 『군사평론』 제323호.

제임스 굿비(1990), 「통일을 향한 한반도 군비통제 절차」, 『국제정세』.

제정관(2003), 「남북한 군사통합·통일 한국군 건설 및 쟁점들」, 『한국과 국제정치』 제19권 1호.

_____(2001), 「남북한 군사통합 방안과 통일국군 건설방향」, 『군사논단』 제29호.

조창현(2001), 『북한 군사제도와 그 특징에 관한 연구』, 육군교육사령부 연구

보고서.

차영구(1991), 『공존 및 통일시대를 지향한 국방정책』, 서울: 한국국방연구원.

최종철(1999), 「통일을 대비한 남북한 군사통합 방안」, 『교수논총 16』, 서울: 국방대학원.

한관수(2003), 「통일 한국의 군사통합에 관한 연구」, 중앙대학교 대학원 석사 학위논문.

한병훈(1998), 「통일 한국군의 위상과 남북한 군사력 통합방안」, 『국방논단』 제14호.

황병덕 외(1994), 「독일, 베트남, 예멘의 통일이 남북한 통일에 주는 시사점」, 『북한연구』

황재호(2007), 「중국의 대중국 군사외교」, 『국방정책연구』 제71호.

황진환(1997), 「분단국 통일과 군사통합」, 『합참』

다. 정부간행물 및 기타 자료

국가안전기획부(1997), 『독일 통일모델과 통독 후유증』

국방부(1994), 『국방백서 1994~1995』

_____(2012), 『국방백서 2012』

_____(2003), 『독일 군사통합자료집』

_____(2012), 『집중해부 북한, 북한군』

교육사령부(2007), 『민군작전』, 대전: 교육회장 07-3-10

합참(2010), 『합동평화작전』, 합동교범 3-13

3. 외국 문헌

가. 단행본

베르너 바이덴펠트·칼 루돌프 코르테, 한겨레신문사 역(1998), 『독일통일백서』, 서울: 한겨레신문사.

비오티·카우피, 이기택 역(2005), 『국제관계 이론 : 현실주의, 다원주의, 글로벌리즘』, 서울: 일신사.

Dan Blumenthal and Aaron Friedberg(2009), *An American Strategy For Asia,* A Report of The American Enterprise Institute.

Ernest B. Hass(2004), *The Uniting of Europe : Political, Social and Economic Forces 1950-1957.* University of Notre Dame Press.

Joerg Schoenbohm. 이한홍 역(1994), 『두개의 군과 하나의 조국』. 육군본부.

Joseph S. Nye(1971), *Peace in Parts: Integration and conflict in Regional Organization.* Boston : Little Brown.

Myron Weiner(1996), Problems of Integration and Modernization Breakdown, Jason N. Finkle and Richard W. Gable, eds.. *Political Development and social Change,* New York: John Wily & Sons, INC..

National Intelligence Council (U.S)(2008), GLOBAL TRENDS 2025 : *A Transformed World.* Washington DC: US Government Printing Office.

P. R. Gregory and R. C. Stuart(1995), *Comparative Economic System.* New York: Houghton Mifflin.

Robert Mandel, 권재상 역(2003), *The Change Face of National Security − A Conceptual analysis.* 서울: 간디서원

Selig S. Harrison(2002), Korean Endgame: *A Strategy for Reunification and U.S Disengagement.* Princeton University Press.

Stanley Hoffmann(1968), *Gulliver's Troubles. Or the setting of American Foreign Policy.* New York: McGraw-Hill.

나. 논문 및 기타

David Hale and Hugbes Hale(2003), "China Takes Off." Foreign Affairs. Vol.82. No. 6.

Joseph S. Gordon(1991), "German Unification and the Bundeswehr." *Military Review.* Vol. 71. No. 12.

Paul H. Nitze(1985), "The Objectives of Arms Control (The 1985 Alastair Buchan

Memorial Lecture." *Survival.* Vol 27. No. 3.

Rainer Eppelmann(2007), "독일 인민군과 독일 통일," 한국국방연구원 방문 특별연설자료.

Samuel S. Kim(1980), "Research on Korean Communism: Promise versus Performance." *World Politic.* Vol. 32.

I.I.S.S.(2005, 2006, 2009), *The military Balance.*

◩ 저자 **정충열**

약력
1981년 육사 37기로 임관
육군대학 전술학 교관
국방부장관실 군사정책담당관
26사단 / 수도군단 작전참모
수도기계화사단 기갑여단장
7군단 참모장
육군본부 정보화 기획처장
75사단장
현) 육군본부 정책연구위원

학력
진안초중학교, 전주고 졸업
육군사관학교 졸업
육군대학, 국방대학교 졸업
충남대 행정대학원 행정학 석사
명지대 정치학 박사

주요 논저
마음을 사로잡는 감동리더십
나는 오늘도 군화끈을 조인다
신세대 장병들의 동기부여 방안(논문)
남북한 군의 지휘참모활동 절차 비교분석(전투발전지)
국방일보 칼럼 '원평비전' 등 11편
국방저널, 자유지, 육사신보 등 기고문 5편
※ 충청·대전 지역 서예 전람회 입선 및 호국미술대전 특별상 등
　서예부문 다수 수상

남북한 군사통합 전략

▶
초 판 1쇄 │ 2014년 7월 31일
초 판 2쇄 │ 2020년 10월 10일
저   자 │ 정 충 열
펴 낸 이 │ 권 호 순
펴 낸 곳 │ 시간의물레
인   쇄 │ 대명제책사

▶
등   록 │ 2002년 12월 9일
등록번호 │ 제1-3148호
주   소 │ (03443) 서울시 은평구 증산로17길 31, 401호
전   화 │ (02)3273-3867
팩   스 │ (02)3273-3868
전자우편 │ timeofr@naver.com

▶ ISBN 978-89-6511-092-7 (93390)

정가 12,000원